리모델링 가치분석

III
리모델링 총서

사단법인 한국리모델링협회 저

교재개편 발간사

우리나라 건설시장의 중요한 변화 중 하나는 신축 시장은 이미 성장 한계에 도달했고 이제부터는 기존 건물에 대한 대대적인 개·보수(증·개축 포함) 공사와 노후 건축물에 대한 리모델링의 역할과 필요성이 증대되고 있다. 현재 국내 리모델링 시장의 규모는 전체 건설시장의 10퍼센트에도 미치지 못하고 있지만 머지않아 30퍼센트에 육박하는 거대 시장으로 성장할 것이다. 결국 우리나라도 선진국처럼 리모델링 시장이 신축 시장보다 규모가 더 커질 것으로 전망하고 있다. 이에 따라 리모델링 정책 및 법규, 건설환경의 변화에 대응할 수 있는 리모델링 기술의 보급이 중요한 과제로 대두되었다.

포스트 코로나 시대에는 사회 전반적으로 비대면 활동을 뜻하는 언택트 현상이 가속화되었고 주거문화와 주거공간 역시 이러한 언택트 삶에 초점이 맞춰질 것이다. 건축에서도 환경·기후·도시·질병 등 복잡한 문제들을 해결하기 위한 융합적 접근이 필요하게 되어 리모델링 분야에 있어서 이러한 융합적 접근 방식의 적용이 요구되는 시점이다. 향후 우리 사회에서 건설의 역할과 기능이 변화되어 건설산업 전반에 걸쳐 총체적인 변화가 일어나게 될 것이다.

리모델링 산업의 활성화를 위해서는 사업타당성 검토, 조세·금융 지원, 제도적 장치 및 규제 완화, 부가가치 향상 등 관리 측면의 전략을 구사하는 것이 매우 중요하다. 더불어 리모델링 설계 기준 및 체크리스트 개발 같은 정량적·정성적 기술평가 방법 확립과 리모델링을 수행하는 데 필요한 공종별 리모델링 공법, 건물 성능 개선 관련 기술 개발 및 신소재에 관한 연구도 동시에 진행되어야 한다.

본서는 한국리모델링협회의 리모델링사업관리사(RMP : Remodeling project Management Professional) 자격검정시험의 교재로 채택되어 사용된 리모델링 총서 4권을 바탕으로 집필되었으며, 개편 방향은 다음과 같다.

(1) 사업관리 및 기술 분야 난이도 조정

리모델링사업관리사(RMP)는 기획·영업·조합 등을 조율하는 사업관리자의 역할에 그 취득 목적을 가지고 있으므로, 사업관리 분야는 초중급으로, 기술 분야는 초급으로 내용의 난이도를 조정하였다.

(2) 주거와 비주거 과정 구분 세분화

기존 교재 콘텐츠 구성은 주거와 비주거가 혼용되어 있어 전문성이 떨어지므로 주거와 비주거에 대한 구분을 명확히 하여 내용을 정리하였다.

(3) 콘텐츠 구성 보완

그린리모델링, 에너지 절약, 친환경 설비 등의 새로운 콘텐츠를 포함하고 사업 수행에 있어서 기존 교재에서 설명이 부족하다고 제기된 항목(사업타당성, 사업비 분석, 리모델링 특화 공사 등)에 대한 충분한 설명을 보완하였다.

(4) 최신 사례 발굴 및 제시

10년 이상 오래된 예시들을 최신의 사례로 보완하여 사업 실무 지식을 쌓을 수 있도록 내용을 구성하였다.

건축물의 신축과 노후 건축물의 리모델링은 학문적으로나 실무적으로 다를 뿐만 아니라 접근 방법도 판이하다. 따라서 신축공사에 대한 내용으로 편성되어 있는 기존 건축학과의 교과목으로는 진정한 리모델링 기술자를 양성 배출하기 어려우므로, 가능한 한 여러 대학에 리모델링 전문 기술자 양성을 위한 학과 신설과 리모델링 현장기술자로서 갖춰야 할 기술과 실무지식을 습득할 수 있는 교육과정 개발, 그리고 리모델링 사업 전문가 자격증 제도의 신설이 필요하다. 본서는 이들 교육목표에 부응할 수 있도록 각 교과목별 교수요목과 강의계획서의 콘텐츠를 구성하고 그에 따라 리모델링 기술자로서 소양을 기를 수 있도록 필요한 내용을 구성하였다.

비록 작은 출발이지만 리모델링 사업관리 전문가 교육과정과 자격검정 시험제도를 통해서 우수한 리모델링 사업 전문가가 양성되고, 본서를 통해 리모델링 기술의 전문지식을 체계화시키고 개선된 리모델링 기술을 널리 보급하여 국내 리모델링 산업 발전에 도움이 되었으면 한다.

2024년 2월

사단법인 한국리모델링협회

회 장　김 학 겸

감 수　차 정 윤

총괄집필위원　임 호 진

차 례 CONTENTS

제1장
리모델링 가치평가 개요

1. 가치평가의 기본개념
2. 리모델링의 가치
3. 리모델링의 가치평가 방법

1. 가치평가의 기본개념

1.1 가치(Value)의 정의

가치평가를 위해 선행되어야 할 가치 추계(Valuation)는 가치의 본질이 무엇인지, 즉 가치가 어떻게 정의될 수 있는지에 관해 탐구하는 가치이론(Value theory)을 바탕으로 한다. 따라서 가치평가를 위해서는 먼저 평가(또는 추계)할 가치를 어떻게 정의할 수 있는지 살펴보아야 한다. 가치가 어떻게 정의될 수 있는지에 따라 가치 추계방법과 가치 추계결과도 달라질 수 있다. 많은 경제학자와 철학자 등에 의해 가치는 다양하게 정의되어 왔으나 본서에서는 우리의 관심 대상인 리모델링을 고려하여 부동산 분야에서 주목할 만한 주요 이론을 중심으로 살펴보고자 한다.

1) 고전학파

1776년 「국부론」의 저자 애덤 스미스(Adam Smith)는 재화의 가치는 생산요소들이 결합되어 재화가 만들어질 때 창출되는 것이라고 보았다. 이때 생산의 3요소는 토지(land), 노동(labor), 자본(capital)이며, 각각의 생산요소를 사용한 대가로 토지는 지대(Rent), 노동은 임금(Wage), 자본은 이윤(Profit)이 발생한다. 생산요소와 생산요소의 사용 대가 사이에는 일정한 비율이 존재한다고 보았고, 그 비율을 자연율(Natural rate)이라고 하였다. 그리고 생산요소의 사용대가를 자연율에 따라 지불할 때 균형상태[1)]의 재화가격을 자연가격(natural price)이라고 하였다.

시장가격이 자연가격과 일치하면 그 재화는 재화의 가치와 동일한 가격에 팔린 것이다. 즉 자연가격은 재화의 가치이다. 다시 말해 재화의 가치는 생산요소들이 결합되어 재화가 만들어질 때 창출되는 것이라고 주장했다. 즉 재화의 자연가격은 그 재화를 생산하는 데 소요되는 생산요소의 비용을 반영하고 있다고 보았고 장기적 관점에서 수요와 공급은 생산비와 가격이 일치하는 선에서 균형을 이루게 된다고 보았다.

더불어 애덤 스미스는 "가치란 어떤 재화나 용역이 다른 재화나 용역을 교환의 대상

1) 가격은 시장의 수급관계를 반영하여 변동하게 되는데, 가격이 변화하고 이에 따른 자원의 이동이 이루어지면 바람직한 상태, 즉 균형상태가 된다. 균형은 다른 조건의 변화가 없으면 그대로 유지된다.

으로 지배하는 힘"이라고 정의하였다. 가치에 대한 이 같은 정의는 가치란 재화가 가지고 있는 어떤 내재적 질(intrinsic quality)에 의해 결정되는 것이 아니라는 것을 의미하며 이러한 가치와 가격(Price)은 뚜렷한 차이가 있다고 보았다. 이에 가치란 사용가치(Value in use)를 의미하고, 가격은 교환가치(Value in exchange)를 나타내는 것으로 구별했다. 가치란 재화와 재화 간의 단순한 교환비율이라는 것이다.

한편, 경제학에서 가치발생 3요소로 효용, 상대적 희소성, 유효수요를 말하는데 효용은 인간의 필요나 욕구를 만족시켜줄 수 있는 재화의 능력을 말하며 상대적 희소성이란 인간의 욕망에 비해 그 수가 부족한 상태를 말하며 유효수요란 살 의사와 지불능력을 갖춘 수요를 말한다.

애덤스미스는 재화가 가치를 지니기 위해서는 효용과 희소성이 있어야 한다고 하면서 물이나 공기는 효용은 있지만 희소성이 없기 때문에 교환가치가 없다고 하더라도 다이아몬드는 희소성은 있으나 효용이 별로 없는데도 높은 교환가치를 지니는 것은 모순이라고 생각했다. (애덤스미스의 역설)

이러한 모순에 애덤스미스는 뚜렷한 답을 찾지 못했는데 그 이유는 효용의 객관적인 측면만 중시하고 주관적 측면을 무시했기 때문으로 애덤스미스의 패러독스는 훗날 한계효용학파의 등장으로 해결된다.

이처럼 효용의 객관적 측면을 중시한 고전학파의 관점에서는 효용도 생산비에 해당하는 만큼의 가치를 지니고 있다고 가정하며, 이때 효용을 가정된 효용(Assumed utility)이라고 한다.

이에 최근 부동산의 가치평가에 있어서는 재화의 가치를 사용가치가 아닌 시장의 가치의견인(Value opinion) 교환가치로 보는 것이 바람직하다고 보는 의견이 우세하다. 예를 들어 오래된 한옥의 가치는 신축 주택에 비해 사용가치는 떨어지지만 문화재 보호 또는 한옥이 주는 특수한 멋과 같은 주관적 가치 때문에 교환가치는 높을 수 있기 때문이다.

그럼에도 불구하고 특별한 경우 여전히 사용가치로 평가하는 것이 옳을 수도 있는데 이는 사용가치는 여전하지만 시장에서 거래되기 어려워 교환가치가 없는 부동산의 경우는 여전히 재화의 가치를 사용가치로 볼 수 있기 때문이다.

2) 한계효용학파

한계효용학파는 고전학파의 생산비가치설을 부정하며 탄생하였으며 재화의 가치는 한계효용(Marginal utility)에 의해 결정되는 것이지 재화를 생산하기위해 소요된 생산비에 의해 결정되는 것은 아니라고 주장한다.

한계효용학파에 의하면 효용은 재화를 소비함으로써 얻는 개인의 주관적 만족도 또는 개인의 욕구를 충족시켜 주는 재화의 능력이라고 보았으며 이때 한계효용은 재화를 추가로 한 단위 더 소비했을 때 얻는 효용을 의미한다.

그러므로 재화의 효용은 시장에서 매수자가 기꺼이 지불하려는 가격에 의해 측정된다. 더불어 공급보다 수요 측면을 중시하여 재화의 교환가치를 효용에 비례한다고 보았다.

앞서 설명한 바와 같이 고전학파를 대표하는 애덤 스미스의 이론에는 일상생활에 꼭 필요한 물은 가격이 낮은데, 이와는 반대로 세상에 존재하지 않더라도 생활에 별 지장이 없는 다이아몬드는 가격이 매우 높다는 모순을 가치의 역설(Paradox of value) 또는 아담 스미스의 역설(Adam Smith's paradox)이라고 한다.

만일 물과 다이아몬드의 부존양이 동일하다면 물의 가격이 다이아몬드의 가격보다 높게 결정될 것이다.

그러나 현실에 있어서는 다이아몬드의 부존양은 매우 적으므로 가격이 높고, 물의 부존양은 거의 무한하므로 가격은 거의 "0"이 된다. 그러므로 한계효용이론에 따르면 사용가치는 매우 높더라도 가격(교환가치)은 낮을 수 있다.

그래프로 설명하면 아래 그림과 같이 가격이 총효용이라면 물의 한계효용곡선(MU_W) 하방의 면적, 다이아몬드의 총효용은 다이아몬드 한계효용곡선(MU_D)하방의 면적으로 측정된다. 이때, 각 재화의 수량(Q)에 차이가 있기 때문에 다이아몬드의 수량(Q_D)에서 가격(P_D)이 결정되고, 물의 수량(Q_W)에서 물의 가격(P_W)이 결정되어, $P_D > P_W$이 된다.

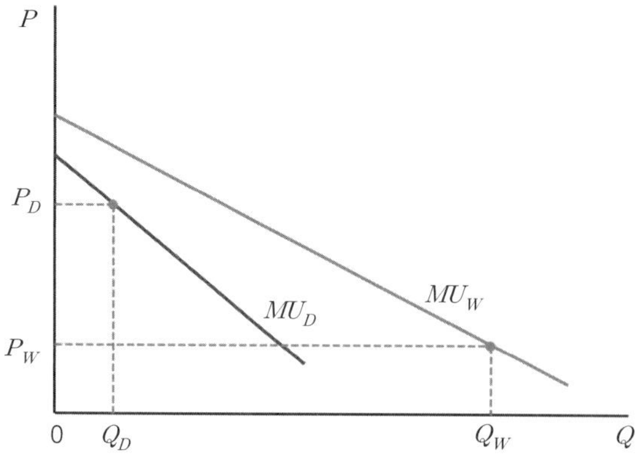

그림 1.1 물과 다이아몬드 한계효용곡선

더불어 어떤 재화의 효용은 시장에서 매수자가 기꺼이 지불하려는 가격에 의해 측정된다고 보았다. 생산비가 아무리 많이 투입된 부동산이라도 수요가 없다면 가격은 하락할 수밖에 없다. 그러나 한계효용학파도 생산비와 가치 사이의 관계가 전혀 없다는 주장을 하는 것은 아니다. 물론 생산비와 가치는 상관성은 있지만 그것이 인과관계는 아니라는 의미이며, 시장의 힘에 의해 비용과 가치가 같아지는 경향은 있지만 생산비가 가치를 결정하는 요인은 아니라는 것이다.

특히, 부동산 분야에서도 많은 건축비를 투입하고 지은 건축물이 꼭 높은 가격으로 매매되고, 건축비를 절감하여 낮은 건축비가 투입된 건축물이 반드시 낮은 가격으로 매매되는 것이 아니라는 측면(때로는 건물의 건축비는 가격에 반영되지 않는 경우도 있음)에서 이러한 한계효용학파의 주장은 설득력이 있다.

3) 신고전학파

고전학파는 가치를 결정하는 것이 생산비와 공급이라고 보았고 한계효용학파는 주관적 효용과 수요라고 보았으며 신고전학파는 이 두 학파의 이론을 적절하게 결합하여 신고전학파의 알프레드 마샬(Alfred Marshall)은 수요와 공급은 가위의 양날과 같아서 어느 것도 가치결정에서 도외시할 수 없다고 주장했다.

또한 알프레드 마샬은 시간 개념을 도입해서 단기에는 시장에서 수요가 재화의 가치결정에 영향을 주지만 장기에는 생산비 즉 공급이 가치결정에 영향을 준다고 주장하였다. 이때 단기란 기존의 생산시설이 확장되지 않을 정도의 짧은 시간이며 장기란 기존의 생산시설 외에 새로운 생산시설이 추가되고 새로운 공급자가 시장에 진입할 수 있을 정도의 긴 시간을 의미한다.

다시 말해 단기에는 공급이 고정되므로 가치는 수요에 영향을 많이 받지만 장기적으로는 공급에 영향을 받게 되고 공급은 생산비에 영향을 받는다는 이론이다.

즉 부동산의 시장가격이 생산비보다 낮으면 장기적으로 공급이 감소하게 되어 시장가격이 상승하고 시장가격이 상승하면 다시 공급이 증가하게 되는데 공급은 시장가격과 생산비가 일치하는 지점까지 증가하게 된다.

이러한 알프레드 마샬의 이론에서 좀 더 나아가 수익이 발생하는 부동산 분야의 경우에는 최근의 어빙 피셔(Irving Fisher)에 의한 가치정의가 보편적으로 사용되고 있다. 어빙 피셔는 "가치란 장래 기대되는 편익(benefit)을 현재가치로 환원한 값"이라고 정의하였다. 이러한 가치에 대한 정의를 적용하는 것에 있어 장래에 기대되는 편익은 단순히 금전적인 것만이 아니라 비금전적인 것도 포함된다.

4) 기타 가치의 정의

가치를 어떻게 정의할 것인가에 관해서는 고전학파, 한계효용학파, 신고전학파의 주요 학자들 외에도 많은 경제학자와 철학자 등에 의해 탐구되었고 다양한 개념으로 정의되었다.

주어진 시점에서 대상 부동산에 적용되는 가치는 무수히 많다. 여러 가지 가치의 개념을 나열하면 정당가치(just value), 안정가치(stabilized value), 공정가치(fair value), 장부가치(book value), 과세가치(assessed value), 감가상각 후 가치(depreciated value), 저당가치(mortgage value), 진성가치(true value), 교환가치(exchange value), 사용가치(use value), 청산가치(liquidation value), 투자가치(investment value), 정상가치(normal value), 보상가치(compensable value), 공익가치(public interest value), 계속기업가치(going concern value) 등 무수히 많은 개념이 있다.

이상에서 열거한 가치의 종류는 몇 가지 단순한 예시에 불과하며 이외에도 수많은 가치가 있다. 가치의 종류가 이처럼 다양한 것은, 동일한 부동산이라고 할지라도 주어진 시점에서 보는 관점이 서로 다르기 때문이다. 더불어 학자들이나 실무자들은 동일한 가치의 개념을 서로 다른 이름으로 부르는 경우가 있어 혼동을 야기하기도 한다.[2)]

1.2 부동산 가치평가 방법

부동산 가치평가 방법은 가치를 어떻게 정의하느냐에 따라 구분될 수 있다. 앞서 살펴본 가치의 정의가 다양한 만큼 가치평가도 한 가지 방법으로만 이루어질 수 없다. 그러나 본서의 목적에 맞게 여러가지 가치평가 방법 중에서 앞서 설명한 주요 경제학파에 의해 주장된 가치이론을 기반으로 정립된 부동산 가치평가 방법을 중심으로 가치평가 방법을 살펴보고자 한다.

주요 경제학파에 의해 주장된 가치이론을 기반으로 한 가치평가 방법을 전통적인 부동산 가치평가 방법이라 한다. 전통적 부동산 가치평가를 위한 접근방법은 비용접근법(Cost approach), 소득접근법(Income approach), 시장접근법(Market approach)이 있다.

2) 안정근, 부동산평가이론, 법문사, 2006

1) 비용접근법

고전학파는 재화의 가치는 생산비에 의해 결정된다고 보았다. 따라서 비용접근법으로 가치를 평가할 수 있다고 보았다. 비용접근법을 통해서는 대상 부동산을 만드는 비용으로 가치를 추계한다. 이때 비용은 재조달원가를[3] 의미하며, 비용접근법에 따라 평가하게 되면 다른 것이 일정할 때 비용이 많이 투입된 부동산일수록 그 가치가 크게 된다.

비용접근법에 의한 가치 평가는 대상 부동산의 토지가치에 건축물의 재생산 비용 또는 대체비용과 해당 건축물의 감가상각액을 추계하여 합산한다.

이때 건축물 재생산 비용(복제원가)은 대상 부동산과 원부자재가 동일한 부동산을 재생산하는 데 드는 비용이며, 대체비용(대치원가)은 대상 부동산과 동일한 효용을 갖는 부동산을 생산하는 데 소요되는 비용이다.

부동산 가치평가 방법으로 부동산 감정평가 실무에서는 가액을 구하는 원가법과 임료를 구하는 적산법이 비용접근법에 해당한다.

2) 시장접근법

신고전학파는 가치는 시장에서의 수요와 공급에 의해 결정된다고 보았기 때문에 가치는 시장에서의 가격에 의해 결정된다고 주장했다. 따라서 평가 대상과 매우 유사한 최근의 거래가격을 기초로 대상의 가치를 평가할 수 있다고 보았다. 이를 시장접근법이라고 하였으며, 시장접근법은 최근에 거래되어 시장가격이 확인된 유사 부동산의 특성, 상태, 위치 등의 속성을 감정평가 대상 부동산과 비교하여 유사 부동산의 매매가격을 보정(수정)하고 이를 근거로 대상 부동산의 가치를 평가한다.

시장접근법은 거래당사자들이 합리적이라면, 정상적인 시장상황 하에서 매도자는 대상 부동산의 가치보다 낮은 가격으로 팔려고 하지 않을 것이며, 매수자는 대상부동산의 가치보다 높은 가격으로 사려고 하지 않을 것이라는 데 근거를 두고 있다. 부동산 가치평가 방법으로 시장접근법은 부동산 감정평가 실무에서는 가액을 구하는 거래사례비교법과 임료를 구하는 임대사례비교법으로 세분된다.

3) 재조달원가는 현존하는 대상 부동산을 가격시점에서 재생산하거나 재취득하는 데 소요되는 적정 원가의 총액을 말한다.

3) 소득접근법

소득접근법에 따르면 부동산의 가치는 단순히 비교 가능한 부동산의 매매정보뿐만 아니라 수익성에 영향을 주는 많은 시장상황도 고려해야 한다. 즉 가치를 시장에서 사람들이 기꺼이 지불하려는 가격이 아닌 "장래에 기대되는 편익을 현재가치로 환원한 값"으로 정의한다는 점에서 시장접근법과 차이가 있다.

보통 소득접근법을 통한 수익환원법에도 여러 방법이 있지만 활용이 가장 용이한 직접환원법을 중심으로 살펴보면, 직접환원법은 대상 부동산의 순운영소득(NOI : Net Operating Income)을 적절한 자본환원율(Capitalization rate)로 환원하여 대상 부동산의 가치를 추계하는 방법이다.

가치 = 순운영소득 / 자본환원율

구체적인 순운영소득의 도출은 개별 부동산의 현금흐름할인법(DCF : Discounted Cash Flow)으로 계산할 수 있다. 공실이 없는 상태의 임대수입 + 기타 수입(주차장 수입 등) = 가능조소득(PGI), 가능조소득(PGI) - 공실률 - 임대료손실(임대료 미수 등) = 유효조소득(EGI), 유효조소득(EGI) - 운영경비 = 순운영소득(NOI)이다.

이를 표로 정리하며 다음과 같다.

표 1.1 NOI 추계과정 DCF

가능조소득(PGI : Potential Gross Income)
- 공실손실충당금 및 불량부채(L & VA)
+ 기타 소득(Other Income)
= 유효조소득(EGI : Effective Gross Income)
- 영업경비(Operating Expense)
= 순운영소득(NOI : Net Operating Income)
- 부채서비스액(Debt Service)
= 세전현금수지(Before Tax Cash Flow)
- 영업소득세(TAX)
= 세후현금수지(After Tax Cash Flow)

이때 공실률은 임대되지 않고 비어 있는 기간의 비율을 의미하는 것이지만 수지계산에 있어서는 임대료 미납 등 임대료 수입의 손실을 포함한 비용비율의 개념이며 영업경비는 당해 세(부동산 관련 세금) + 보험료(부동산에 관한 보험료)+공익비(계약에 따라 부동산 소유자가 부담하는 수도료 및 전기료 등) + 유지보수비(3년 이내에 반복적

으로 발생할 것으로 예상되며 경제적 가치 상승을 목적으로 하지 않는 경우의 비용) + 일반관리비(부동산 관리회사의 인건비 등) + 임대관리수수료(임차인 모집, 임대료 회수, 경비지출 등) + 보수(자산현장에서 항상 대기하여 수리 등의 일을 하는 직원의 인건비) + 수선충당금(유지보수비와 달리 일정 기간에 한 번씩 보수해야 하는 시설 수선금) 등이다.

직접환원법에서는 건물에 대한 감가상각은 환원이율에 포함하며 예를들어 내용년수 50년을 기준으로 할 때 1/50을 환원이율에 가산하는 방법이다.

순운영소득은 대상 부동산의 유효조소득에서 영업경비를 제한 나머지이고 순운영소득(NOI)에서 저당대부에 대한 매년의 원금상환분과 이자 지급분을 공제하면 세전현금수지(BTCF)가 되며 세전현금수지에서 영업 소득세를 빼면 세후현금수지(ATCF)가 된다.[4)]

소득접근법에 따르면 다른 조건이 동일할 경우 소득(효용)이 큰 부동산일수록 가치가 커진다. 소득접근법은 부동산 가치평가 방법으로 부동산 감정평가 실무에서 가액을 구하는 수익환원법과 임료를 구하는 수익분석법으로 구분된다.

4) 부동산 가치평가 접근방법의 실무 활용

실무적으로 부동산 가치평가는 금융조달(담보대출, 투자금 유치 등) 시 담보물평가를 위해 자주 수행된다. 조금 더 자세히 보면 부동산 감정평가의 영역에서는 부동산 자산 등의 가치를 산정하는 방식으로 얼마의 비용이 들어간 것인가를 감안하여 판단하는 원가방식, 시장에서 얼마에 거래되는가 하는 것에 근거 비교방식, 얼마 만큼의 수익을 산출할 수 있는가에 근거한 수익방식이 있다. 이 세 가지 방식은 다시 여섯 가지 방법으로 나뉘는데, 원가방식은 가액(價額)을 평가하는 원가법과 임료(賃料)를 평가하는 적산법이 있으며, 비교방식은 가액을 평가하는 거래사례비교법, 임료를 평가하는 임대사례비교법이 있으며, 수익방식은 가액을 평가하는 수익환원법, 임료를 평가하는 수익분석법이 있다. 이 외에도 국토교통부는 비교방식의 하나로 공시지가기준법을 〈부동산 가격공시에 관한 법률〉에 정해 놓았다.

---

4) 조용경, 공공사업 의사결정 모델 개발에 관한 연구 ; 장기공공임대주택 리모델링 사업을 중심으로, 건국대학교 박사학위논문, 2012

표 1.2 가치이론에 의한 가치평가방식(감정평가)

구분		내용
비용접근법 (원가방식)	원가법	대상물건의 재조달원가에 감가수정(減價修正)을 하여 대상물건의 가액을 산정하는 감정평가방법을 말한다. * 건물감정평가에 주로 적용함
	적산법	대상물건의 기초가액에 기대이율을 곱하여 산정된 기대수익에 대상물건을 계속하여 임대하는 데 필요한 경비를 더하여 대상물건의 임대료[(賃貸料), 사용료를 포함한다. 이하 같다]를 산정하는 감정평가방법을 말한다.
시장접근법 (비교방식)	거래 사례 비교법	대상물건과 가치형성 요인이 같거나 비슷한 물건의 거래 사례와 비교하여 대상물건의 현황에 맞게 사정보정(事情補正), 시점수정, 가치형성요인 비교 등의 과정을 거쳐 대상물건의 가액을 산정하는 감정평가방법을 말한다. * 구분건물의 감정평가에 적용하며 구분소유의 대상이 되는 건물부분과 그 대지사용권을 일괄하여 감정평가함
	임대 사례 비교법	대상물건과 가치형성 요인이 같거나 비슷한 물건의 임대 사례와 비교하여 대상물건의 현황에 맞게 사정보정, 시점수정, 가치형성 요인 비교 등의 과정을 거쳐 대상물건의 임대료를 산정하는 감정평가방법을 말한다.
소득접근법 (수익방식)	수익환원법	대상물건이 장래 산출할 것으로 기대되는 순수익이나 미래의 현금흐름을 환원하거나 할인하여 대상물건의 가액을 산정하는 감정평가방법을 말한다. * 수익이 발생하는 상업용부동산에 주로 적용함
	수익분석법	일반기업 경영에 의하여 산출된 총수익을 분석하여 대상물건이 일정한 기간에 산출할 것으로 기대되는 순수익에 대상물건을 계속하여 임대하는 데 필요한 경비를 더하여 대상물건의 임대료를 산정하는 감정평가방법을 말한다.
기타	공시지가 기준법	법 제21조 제1항에 따라 감정평가의 대상이 된 토지(이하 "대상토지"라 한다)와 가치형성 요인이 같거나 비슷하여 유사한 이용가치를 지닌다고 인정되는 표준지(이하 "비교표준지"라 한다)의 공시지가를 기준으로 대상토지의 현황에 맞게 시점수정, 지역요인 및 개별 요인 비교, 그 밖의 요인의 보정(補正)을 거쳐 대상토지의 가액을 산정하는 감정평가방법을 말한다. * 토지감정평가에 적용함

자료 : 감정평가에 관한 규칙 2조

일반적으로 소득접근법으로 가치를 평가하는 것이 이론적으로 가장 우수하다고 본다. 왜냐하면, 이 방법이 가치란 "장래에 기대되는 편익을 현재가치로 환원한 값"이라는 부동산의 가치에 대한 정의에 가장 잘 부합되기 때문이다.

한계효용학파 경제학자들은 한 번 투입된 생산비는 이미 과거에 사라진 것이므로 이것이 재화의 가치를 결정할 수 없다고 하며 고전학파의 생산비가치설을 비판하였고 더불어 시장접근법의 경우도 이미 과거의 값이 된 시장가격을 통해 현재가치를 평가하는 것이므로 시장접근법에도 한계가 있어서 부동산의 가치평가방법으로 소득접근법이 가장 우수하다고 보는 이유이다.

그러나 소득접근법도 다음과 같은 한계가 있다고 본다. 첫째, 부동산 중에서 소득을 창출하지 않는 부동산이 많이 있을 뿐만 아니라 적절한 자본환원율(Capital rate)을 구하기 어렵다. 가치추계이론이 어디까지나 가치를 추계하는 이론이지, 그것 자체가 가치를 결정하는 이론은 아니라는 사실도 유념할 필요가 있다.[5)]

한편, 알프레드 마샬에 의하면 가치의 삼면 등가 법칙이 성립한다. 즉 완전경쟁시장에서는 가격, 비용, 가치가 결국은 같아진다는 것이다. 이에 전통적인 세 가지 접근법에 의한 가치 평가(추계)는 정적 균형(Stable equilibrium) 하에서는 일치될 수 있다는 것이다. 그러나 현실적으로는 세 가지 접근법에 의해 도출된 가치가 같아지는 일은 거의 일어나지 않는다. 부동산시장은 정적 시장이 아닌 동적 시장이기 때문이다.

감정평가 등 실무적으로는 가치평가 대상물의 특성과 자료여건 등을 감안하여 비용접근법, 시장접근법, 소득접근법 등에서 적절한 평가기법을 선택하여 적용한다. 법률적인 규정이나 특별한 사유가 없는 경우 세 가지 접근방식을 모두 적용하고 각 기법으로부터 도출된 가격을 합리적으로 조정하는 단계를 거치며 이를 통해 최종 가치결론에 도달하게 된다. 이때, 각각의 방법에 의해 추계된 가치를 시산가치(Indicated value)라 하고 감정평가 실무에서는 세 가지 시산가치를 조정하여 최종적인 가치결론을 도출해 낸다.

감정평가 외의 분야에서는 주로 부동산 개발에 앞서 타당성 분석을 하거나 사후 타당성 검토를 위해 가치평가가 수행된다. 대표적으로 국가의 도로, 항만, 철도 등의 건설과 같은 사회간접자본(SOC : Social Overhead Capital) 사업에 앞서 예비타당성 평가, 사후타당성평가 등이 있다.

5) 안정근, 전개서, 2006

2. 리모델링의 가치

리모델링의 가치를 평가하기 위해서는 리모델링 가치에 관한 정의가 선행되어야 한다. 이를 위해 행위로써 리모델링의 정의 및 수준, 리모델링 대상 부동산의 범위를 정하고 목적에 따라 구분하여 이에 따른 가치가 무엇인지 정의할 필요가 있다.

2.1 가치분석을 위한 리모델링의 정의 및 범위

리모델링은 건물의 물리적, 기능적 노후화를 개선하는 방법으로 노후시설의 단순 수선에서 평면 개선 및 증축에 이르기까지 그 범위와 수준이 다양하지만 구분 없이 포괄적인 개념으로 사용되고 있다. 그러나 리모델링이 신축(건축법의 개축, 재축 포함)이나 재건축과 구별되는 가장 큰 차이는 기존 건축물을 완전히 허물지 않고 보존하면서 성능을 향상시키는 데 있다.

법적으로 리모델링은 건축법과 주택법에서 각각 정의하고 있다. 건축법(제2조 제10호)에서는 건축물의 노후화를 억제하거나 기능 향상 등을 위하여 '대수선'하거나 일부를 증축하는 행위를 말한다. 한편, 주택법(제2조 25호)에서는 건축물의 노후화 억제 또는 기능 향상 등을 위해 '대수선'하거나 '증축'(세대수 증가형 리모델링, 수직증축형 리모델링)에 해당하는 행위를 말한다. 이러한 내용을 정리하고 실생활에서 통용되는 리모델링의 범위를 고려하여 리모델링의 정의 및 범위는 다음 표와 같이 정리가 가능하다.

표 1.3 리모델링의 단계와 유형(수준)

<table>
<tr><th>구분</th><th>리모델링 유형(수준)</th><th>내용</th><th>비고</th></tr>
<tr><td rowspan="2">1단계</td><td rowspan="2">내부 인테리어 수준</td><td>수도꼭지, 창틀 등을 교체</td><td rowspan="2">부분적 수선</td></tr>
<tr><td>전용 부분의 마감재 등 교체</td></tr>
<tr><td rowspan="4">2단계</td><td rowspan="4">내 · 외장 및 전기설비공사</td><td>전용 및 공용 부분을 포함한 단지 전체에 걸친 마감재 교체</td><td rowspan="4">전면적 개보수</td></tr>
<tr><td>주차장, 단지 내 도로, 조경 등 단지환경 개선</td></tr>
<tr><td>전기설비 등 설비 및 배관 등의 교체</td></tr>
<tr><td>발코니 확장, 복도의 계단식 전환(엘리베이터 증설) 등 구조체를 제외한 부분의 개선</td></tr>
</table>

<table>
<tr><th>구분</th><th>리모델링 유형(수준)</th><th colspan="2">내용</th><th>비고</th></tr>
<tr><td rowspan="3">3단계</td><td rowspan="3">내 · 외장과 구조변경 및 증축 수반 수준</td><td colspan="2">건축물의 기둥, 보, 내력벽, 지붕틀, 방화벽 구획, 주계단 등의 구조나 외부 형태를 수선 · 변경하거나 증설</td><td>대수선</td></tr>
<tr><td>세대수 증가형</td><td>각 세대의 증축 가능 면적을 합산한 면적의 범위에서 기존 세대수의 100분의 15 이내에서 세대수를 증가하는 증축 행위</td><td rowspan="2">증축 (일부 개축 일부 재축 포함)</td></tr>
<tr><td>수직 증축형</td><td>세대수 증가형 증축 중 최대 3개 층 이하로서 대통령령으로 정하는 범위에서 증축할 것(리모델링 대상 건축물의 구조도 보유 등 대통령령으로 정하는 요건을 갖출 것)</td></tr>
</table>

리모델링의 수준 및 내용범위에 있어서 소요되는 사업비 등 사업의 규모를 고려하여 3단계로 구분할 수 있다. 1단계는 신축비용의 20~30%, 2단계는 신축비용의 40~60%, 3단계는 60%~120%까지 소요될 수 있는 등 수행할 리모델링 수준에 따라 소요되는 비용에 차이가 있고 측정된 가치의 크기에도 차이가 발생할 수 있다. 이에 리모델링 수행 주체는 소요비용을 함께 고려한 적절한 가치 분석을 통해 합리적 의사결정을 할 필요가 있다. 경우에 따라 리모델링을 하지 않고 현상태를 유지하거나 재건축을 하는 것이 더 유리할 수 있기 때문이다. 더불어 향후 재건축을 고려한다고 해도 재건축 시점까지 건축물의 성능유지 차원에서의 1단계 리모델링을 고려해 볼 수도 있다.

2.2 가치분석을 위한 리모델링 대상의 범위

올바른 가치 분석을 위해서는 리모델링뿐만 아니라 리모델링의 대상에 대해서도 그 범위를 명확하게 규정할 필요가 있다. 대표적으로 영리법인의 사옥을 리모델링하는 것과 아파트를 리모델링하는 경우의 가치분석이 다를 것이고, 같은 아파트라고 하더라도 임대주택이냐 분양주택이냐에 따라서도 가치나 가치분석의 방법에 차이가 발생할 것이기 때문이다. 따라서 리모델링 대상을 정의하는 데 시장에서 많이 통용되고 혼재되어 사용되는 관련 용어로서 부동산과 건축물의 범위를 정리하면 다음 표와 같다.

표 1.4 리모델링의 대상 부동산의 개념 구분

<table>
<tr><th>구분</th><th colspan="2">내 용</th><th>비고</th></tr>
<tr><td rowspan="3">부동산</td><td colspan="2">토지 및 그 정착물</td><td>민법 99조</td></tr>
<tr><td>비주거용 부동산</td><td>오피스, 상가, 호텔, 휴게소, 극장, 주유소 등의 상업용 목적으로 이용되고 있는 부동산</td><td rowspan="2">부동산용어사전 (2011)</td></tr>
<tr><td>주거용 부동산</td><td>사람이 일상생활을 할 수 있도록 축조한 건조물로서 세대원이 장기간 독립된 주거생활을 할 수 있는 구조로 된 건축물 또는 건축물의 일부를 말하며, 이에 부속되는 일단의 토지를 포함하고 이것은 집합의 정도에 따라 단독주택과 공동주택으로 분류됨</td></tr>
<tr><td>건축물</td><td colspan="2">토지에 정착하는 공작물 중 지붕과 기둥 또는 벽이 있는 것과 이에 딸린 시설물, 지하나 고가의 공작물에 설치하는 사무소 · 공연장 · 점포 · 차고 · 창고 등</td><td>건축법 2조</td></tr>
</table>

법적으로 부동산이란 용어는 “토지 및 그 정착물”로 정의되고 건축물은 토지에 정착된 정착물 중 특정 조건을 만족하는 경우만을 지칭한다. 이에 본서에서는 토지 정착물로서 건축물과 기타 정착물을 포함하는 포괄적인 개념으로 부동산의 리모델링 가치평가 대상으로 한다.

더불어 부동산을 크게 비주거용 부동산과 주거용 부동산으로 구분하여 리모델링의 대상으로 보았다. 비주거용 부동산의 경우와 달리 주거용 부동산은 두 가지 성격을 가지고 있다. 자산 증식을 위한 부의 축적 수단 외에 인간이 거주할 삶의 공간이며 인간 삶의 기본인 의, 식, 주 중 하나에 해당된다는 것이다. 이에 주거용 부동산의 경우 자산가치 증식뿐만 아니라 주거공간을 통한 삶의 질 향상 측면에서도 접근이 필요하다. 이러한 것들을 정리해 리모델링의 가치 유형을 구분해 볼 수 있다.

표 1.5 사용 목적에 따른 리모델링의 대상 건축물 세부 구분

구분	사용 목적	대상 예시
비주거용 부동산	사적 이익	법인의 사옥, 상가(커피숍, 음식점, 편의점 등), 호텔 등
	공적 이익	주민센터, 공공청사 등
주거용 부동산	사적 이익	분양 아파트 등
	공적 이익	공공 임대주택 등

부동산을 사용 목적에 따라 구분하면 크게 비주거용 부동산과 주거용 부동산으로 구분할 수 있다. 비주거용 부동산에서는 그 사용 목적에 따라 업무, 판매, 산업, 숙박, 기타 등이 있다. 호텔이나 모텔도 주거를 제공하지만, 임시적인 것으로 주거용이 아닌 숙박을 위한 상업용 부동산으로 구분된다. 주거용 부동산은 주택법에 의해 그 구분 기준이 법적으로 구분된다. 세부 내용을 보면 주거용 부동산은 크게 단독주택과 공동주택으로 구분되며 최근 기타 주거용 부동산으로 준주택이 있다. 준주택에는 고시원, 노인복지주택 및 오피스텔이 등이 있다. 이와 같이 부동산은 크게 비주거용과 주거용으로 구분이 가능하지만, 실제 사용에 있어서는 두 가지 목적을 혼합하여 사용되기도 한다. 예를 들어 주거용 오피스텔의 경우 비주거용인 오피스, 상가와 실제 주거용으로 사용되는 주택(오피스텔)이 혼합되어 있다. 가치평가에 있어서는 실제 사용 목적을 고려하여 평가되어야 한다.

표 1.6 리모델링의 대상으로써 비주거용 부동산과 주거용 부동산 세부

<table>
<tr><th>구분</th><th colspan="3">세부 내용</th></tr>
<tr><td rowspan="5">비주거용 부동산</td><td colspan="2">업무</td><td>기업의 사옥 등 업무 활동에 활용되는 부동산</td></tr>
<tr><td colspan="2">판매</td><td>음식점, 커피숍, 편의점 등 판매 활동에 활동되는 부동산</td></tr>
<tr><td colspan="2">산업</td><td>중공업, 경공업, 공장 등 산업 활동에 활용되는 부동산</td></tr>
<tr><td colspan="2">숙박</td><td>호텔 등 여행, 레저에 활용되는 부동산</td></tr>
<tr><td colspan="2">기타</td><td>정부, 병원, 대학 등 특수목적으로 활용되는 상업용 부동산</td></tr>
<tr><td rowspan="5">주거용 부동산 (주택법 제2조제3호)</td><td colspan="2">단독주택</td><td>공동주택을 제외한 주택</td></tr>
<tr><td rowspan="3">공동주택</td><td>아파트</td><td>주택으로 쓰이는 층수가 5개 층 이상인 주택</td></tr>
<tr><td>연립</td><td>주택으로 쓰이는 1개 동의 연면적(지하주차장 면적을 제외한다)이 660㎡를 초과하고, 층수가 4개 층 이하인 주택</td></tr>
<tr><td>다세대</td><td>주택으로 쓰이는 1개 동의 연면적(지하주차장 면적을 제외한다)이 660㎡ 이하이고, 층수가 4개 층 이하인 주택</td></tr>
<tr><td>기타</td><td>준주택</td><td>주택 외의 건축물과 그 부속토지로서 주거시설로 이용 가능한 시설 등을 말하며, 그 범위와 종류는 대통령령으로 정함</td></tr>
</table>

2.3 리모델링의 가치 범위

지금까지 살펴본 내용을 정리하여 리모델링 가치 분석을 위한 범위를 정의하면 리모델링의 수준(행), 대상 건축물(열)로 크게 구분이 가능하다. 이와 같은 방법으로 리모델링 가치 분석의 범위를 정리하면 다음 표와 같다.

표 1.7 리모델링의 가치의 범위 및 정의

구분	리모델링 단계		1단계	2단계	3단계
	사업규모(비용)		낮음 →	→	→ 높음
비주거용 부동산	업무		가치 1	…	…
	판매		…	…	…
	산업		…	…	…
	숙박		…	…	…
	기타		…	…	…
주거용 부동산	단독주택		…	…	…
	공동주택	아파트	…	…	…
		연립		…	…
		다세대	…	…	…
	기타	준주택	…	…	가치 n

즉 각각의 행과 열로 만들어지는 모든 유형이 전부 각각의 가치 범위 단위(unit)라고 볼 수 있다. 더불어 부동산의 목적이 사적 이익 추구냐, 공적 이익 추구냐에 따라 가치가 달라진다.

사적 이익 추구 시 경제적 효율성(비용편익분석)이 높은 경우 가치가 크다고 볼 수 있으며, 공적 이익 추구 시 정책적 목표를 효과적으로 달성하는 경우 가치가 크다고 볼 수 있다. 이와 같이 리모델링 수준과 리모델링 대상 부동산, 부동산의 이용목적(공익/사익)에 따라 가치가 각각 정의되어야 하며, 이에 따라 가치분석 방법도 달리 적용되어야 한다.

3. 리모델링의 가치평가 방법

3.1 리모델링 가치평가방법의 개념

리모델링뿐만 아니라 대부분의 건설사업 또는 부동산 개발사업에 있어 가치분석은 3개의 시점에서 수행될 수 있다. 즉 사업 시행 전, 사업 수행 중, 사업 시행 후 가치분석이 있을 수 있다. 더불어 가치분석을 통해 리모델링을 할 것인지/하지 않을 것인지,

리모델링의 수준을 어느 정도로 할 것인지 등에 관해 의사결정을 할 수 있게 된다. 따라서 앞 서 설명한 바와 같이 가치를 어떻게 정의할 수 있는지와 가치분석의 목표, 분석 시점에 따라서 적용될 수 있는 가치분석의 방법이 달라진다.

리모델링 가치평가는 사전이냐 사후이냐, 비주거용 부동산이냐, 주거용 부동산이냐, 경제적 가치냐 정책적 가치냐에 따라서 분석방법을 구분할 필요가 있다. 예컨대 주거용 부동산인 분양 아파트를 리모델링하고자 할 경우 사전에 측정 가능한 가치로는 유사 사례(유사한 속성을 갖은 인근지역의 아파트)의 가격으로 가치를 가늠해볼 수 있고, 사후적으로는 리모델링 후 실제 시장에서 형성된 아파트의 가격으로 가치를 추정해 볼 수 있다.

그러나 같은 주거용 부동산인 아파트라도 임대아파트의 경우 유사 사례(인근지역 아파트)의 임대료로 그 가치를 추정해 볼 수도 있지만, 시장에서의 임대가격이 아닌 임대아파트를 제공하는 정책의 목표를 달성하는 정도가 임대아파트의 가치가 될 수 있기 때문에 정책 목표인 입주자의 만족도를 정량적으로 측정하여 가치를 평가할 수도 있다. 물론 비용/편익의 관점에서 편익이 무엇으로 정의될 수 있느냐에 관해서는 대상 부동산의 특성과 리모델링 수행 주체의 리모델링 목표에 따라 가격 외의 다양한 것으로 정의될 수 있다.

더불어 상업용 부동산의 경우에도 간단하게는 유사 사례의 임대가격을 통해 가치를 측정할 수 있지만 이것이 공공의 목적을 갖고 이용되는 경우라면 이용자의 향상된 만족도를 정량적으로 평가하는 것으로 가치를 분석할 수도 있다.

경제적 가치분석 측면의 구체적인 평가방법은 다음 장에서 논의하도록 하고 정책적 가치분석 측면에서는 정책목표 달성을 얼마나 효과적으로 하느냐에 관해 가치 속성의 정의나 속성을 정량적으로 평가하는 방법(조건부 가치평가법, 다속성효용함수법 등)은 관련 전문가의 영역으로 아직 많은 개발이 이루어지고 있어 본서에서는 다루지 않고자 한다.

3.2 리모델링 가치평가 방법

1) 고전적 가치평가 방식의 적용

(1) 비용접근법(원가방식) 적용

리모델링은 건물의 내용년수에 큰 영향을 미치기 때문에 실제경과년수법(실제연수법)보다 유효경과년수법(경제적연수 수명법)이나 잔존내용년수법(미래수명법)을 적용하여 내용년수를 조정해야 한다. 또한 리모델링의 결과로 일부의 기능적 감가는 치유될 수 있음에 유의해야 한다.

내용년수는 고정자산(부동산)이 경제적으로 사용될 수 있는 연수를 의미한다. 실제경과년수법은 실제경과년수와 유효경과년수가 같다고 보아 건물의 경제적 수명에서 실제 경과한 연수만큼 감가수정하는 방법이다. 유효경과년수법은 대상 부동산의 증·개축을 고려한 유효년수로 감가수정을 하는 방법이다. 잔존내용년수법은 건물의 경제적 잔존내용년수를 측정하고 여기에 실제경과년수를 더하여 건물의 전체내용년수로 삼아 감가수정하는 방법이다. 각 방법의 장·단점과 적용 대상을 정리하면 다음 표와 같다.

표 1.8 내용년수 조정방법 비교

구분	실제경과년수법	유효경과년수법	잔존내용년수법
장점	이해하기 쉽고 간편	개량·수선 고려하며 감가의 개별성 고려	• 기능적 요인의 일부를 반영 • 감가의 개별성을 고려
단점	• 현실적으로 실제경과년수에 비례하여 감가되지 않음 • 기능적/경제적 요인 반영되지 않음 • 개량/수선 고려하지 않음	기능적 / 경제적 요인을 반영하지 못함	• 경제적 요인을 반영하지 못한다. • 유효경과년수를 정확히 측정하기 힘들다
적용대상	신축건물 등 실제경과년수가 짧은 경우	건물의 구조를 개량하거나 냉난방 시설 같은 새로운 부가물, 증치물이 설치된 경우	잔존 내용년수가 짧거나 오래된 부동산 등 잔존년수 측정이 쉬운 부동산. 모텔·리조트·공업용건물 등 특수부동산

(2) 시장접근법(비교방식) 적용

건물의 개별요인 비교에 있어 잔가율 보정 시 잔존내용년수 항목 산정에 리모델링으로 인한 효과를 고려해야 하며, 배분법 적용시 토지가치의 정확한 추계에 유의해야 한다.

배분법이란 거래사례비교법의 적용에 있어서 선택된 거래 사례에서 구하고자 하는 건물부분 이외의 다른 유형인 토지부분의 가격이 포함되어 있는 경우 양자를 배분하여 구하고자 하는 건물부분의 가격을 추출해내는 방법이다. 이는 균형·기여의 원칙에 의해 토지와 건물 사이에는 어떤 균형을 이루는 구성비율이 존재한다는 데 근거한다.

(3) 소득접근법(수익방식) 적용

리모델링 과정에서 설치한 부가물·증치물에 대한 비용은 수익적 지출이 아닌 자본적

지출이 되므로 이를 영업경비에 포함시켜서는 안 된다. 이를 영업경비로 보게 되면 부동산에 투자할수록 순운영소득(NOI)이 작아지는 모순이 발생한다.

다시 말해 수익적 지출은 부동산의 효용이나 가치를 유지시키는 데 소요되는 비용으로 영업경비에 포함되며, 자본적 지출은 부동산의 가치나 수명을 증진시키는 데 소요되는 비용으로 영업경비로 계상되지 않는다. 자본적 지출을 영업경비로 계상하면 부동산에 대한 투자가 순영업소득을 감소시키는 모순이 발생한다.

2) 부동산 개발 타당성 분석 방법 적용

부동산 개발사업의 타당성 분석은 시장분석과 경제성 분석으로 이루어진다. 시장분석은 어떤 부동산을 어디에 어떤 규모로 개발할 것인가 등을 판단하는 것이고, 경제성 분석은 시장분석의 결과 얻어진 특정 부동산이 어느 정도의 수익성을 가지고 있는지 판단하는 것이다. 이러한 점에서 개발사업에 대한 타당성을 분석하기 위해서는 두 가지 작업을 순차적으로 수행해야 한다.

(1) 시장분석 개요

시장분석이란 일정한 지역을 획정하고 가격형성 요인에 영향을 주는 제 요인을 분석하여 대상사업이 시장에서 채택될 가능성 판단 및 경제성 분석에 필요한 자료를 수집하는 일련의 작업을 말한다. 시장분석의 기능은 입지론적 측면, 적지론적 측면 등이 있다.

입지론적 측면에서는 주어진 부지를 어떠한 용도로 이용할 것인가를 결정하는 것으로 주변의 토지이용이 특정 토지의 용도에 미치는 입지효과를 고려한다. 적지론적 측면에서는 특정 용도에 어떠한 부지가 적합한가를 결정하는 것으로 여러 토지의 표준적 사용 및 최유효사용을 판정하여,[6] 최적지를 선택하거나 우선 순위를 정할 수 있다.

---

6) 최유효사용(최고최선의 이용 : highest and best use)은 공지 및 개량부동산에 대해 합리적이며 합법적으로 이용이 가능한(① 법적 허용 가능성) 대안 중에서, 물리적으로 채택이 가능(② 물리적 채택 가능성)하고, 경험적으로 자료에 의해 적절히 지지될 수 있고, 경제적으로도 타당성이 있다고 판단된 것(③ 경제적 타당성)으로 최고의 가치를 창출(④ 최대의 생산성)하는 이용이다. 부동산 평가 시 최고최선의 이용이 되기 위해 위의 4가지 조건을 충족하는지 분석해야 한다. 이는 부동산 평가의 근본을 이루는 개념으로 가치 추계에 앞서 특정 시점의 시장상황을 고려하여 대상 부동산의 최고최선의 이용이 무엇인지 밝히고 경제적 가치를 추계하게 된다.

기타 대상개발사업의 시장에서채택 가능성 판단, 경제성 분석에 필요한 자료 제공, 기존 개발사업의 타당성 분석 등에 활용된다.

구체적인 시장분석의 내용은 다음과 같다.

① 지역분석 및 도시분석

여기서의 지역은 어떤 개발사업이 영향을 미칠 수 있는 시장의 공간적 범위를 의미한다. 따라서 개발사업의 성격이나 유형에 따라 지역은 시 · 도 또는 국가 전체가 될 수도 있다.

지역 및 도시분석의 내용은 지역의 경제활동분석, 경제기반분석, 인구분석, 소득수준 분석, 교통체계분석, 성장과 개발상태 분석 등이 있다.

② 근린분석

근린지역은 토지이용이 매우 동질적인 소규모의 지역사회를 의미하는데, 근린분석은 지역분석을 토대로 대상이 되는 부지 인접지역의 동태적 변화를 분석하는 것을 말한다. 구체적으로 지역의 경제기반, 교통흐름, 근린지역 내 토지이용 등 경쟁상태 및 동향 등에 대한 분석이다.

③ 부지분석

근린분석보다 더 범위가 좁혀진 것으로 개별분석의 한 유형에 해당한다. 구체적으로 토지이용 규제, 편익시설, 접근성, 규모 및 형상, 지형 등을 분석한다.

④ 수요분석

개발 대상 부동산에 대한 유효수요를 분석하는 것을 말하는데, 먼저 시장지역을 획정하여야 하고 경쟁력, 인구, 추세 등을 분석한다.

⑤ 공급분석

개발 대상 부동산과 경쟁관계에 있는 다른 부동산의 상태를 분석하는 것으로 공실률 및 임대료의 추세, 공공편익시설의 상태, 건축착공량과 허가량, 지역의 도시계획, 건축비용 등을 분석한다.

(2) 경제성 분석

시장분석에서 확보한 자료들을 토대로 대상 개발 사업의 수익성을 평가하는 작업으로 비용 · 편익분석을 의미하며 경제적 효율성을 달성하기 위한 여러 가지 대안 중에서 가장 우수한 대안을 선택하는 것을 목적으로 한다.

경제성 분석 방법으로는 투자의 타당성을 분석하는 할인현금수지 모형의 순현가법(NPV : Net Present Value)과 내부수익률법(IRR : Internal Rate of Return)이 중요한 틀을 제공한다. 즉 세전현금수지(BTCF)를 토대로 세후현금수지(ATCF)를 추계한 후 현가화하여 수익성을 분석한다.

① 순현가법(NPV)

투자안의 가치를 평가하는 기법중 하나로 투자로 인해 발생하는 현금흐름의 총유입액 현재가치에서 총유출액 현재가치를 차감한 순현가가 "0" 보다 클 때 투자가치가 있는 것으로 판단하며 그 값이 클수록 투자가치가 큰 투자안으로 분석하는 방법이다.

② 내부수익율법(IRR)

투자 안에 대한 현금유입의 현재가치와 현금지출의 현재가치를 같도록 만드는 할인율을 구해서 그 할인율이 투자자의 요구수익율 보다 크면 투자하고 작으면 투자하지 않는 경제성 분석 방식이다.

경제성 분석과 관련한 자세한 사항은 4장 리모델링 사업 타당성평가에서 다루고자 한다.

3) 특수목적 부동산의 가치평가[7)]

(1) 특수목적 부동산 가치평가 개요

특수목적 부동산(Special purpose property)이란 공공건물, 호텔, 극장, 대학, 교회 등과 같이 특정한 활동을 위해 설계되고 운영되는 부동산을 의미한다. 특수목적 부동산은 하나의 목적이나 극히 제한된 목적에만 적합하도록 설계되기 때문에 최고최선의 이용을 확인하기 곤란한 경우가 많다. 더불어 현실적으로 시장에서의 정당한 가치가 확인되지 않는 경우가 많기 때문에 교환가치가 아닌 사용가치로 평가되어야 하며 사용가치는 대상 부동산이 제공하는 서비스 가용성(Serviceability)의 효율성(efficiency)에 의해 평가되어야 한다.

예를 들어 공공사업을 위한 건물의 경우를 살펴보면 전통적인 가치 추계방법 적용에 한계가 있다.

---

7) 조용경, 공공사업 의사결정 모델 개발에 관한 연구 ; 장기공공임대주택 리모델링 사업을 중심으로, 건국대학교 박사학위 논문, 2012

첫째, 비용접근법의 경우 공공사업을 위한 시설의 토지 및 건축물 조성 원가에 감가상각액을 고려하여 공공사업의 가치를 추계하는 원가법은 가장 합리적이지 않은 접근방법이라고 볼 수 있다. 특히, 공공사업 의사결정을 위한 경제적 가치 추정에서 원가법의 사용은 많은 비용이 투입되는 사업의 가치가 높고, 그렇지 않은 경우 가치도 낮아진다는 점에서 매우 부적절하다.

둘째, 시장접근법의 경우 공공사업은 대부분 시장이 형성되어 있지 않기 때문에 시장가격을 통한 가치 산출에는 한계가 있다. 장기공공임대주택의 경우에는 시장이 형성되어 있지 않아 시장접근법 적용에 한계가 있다.

마지막으로 소득접근법 적용의 경우 공공사업의 이용수입이나 부대수입 등 객단가를 이용한 직접편익만을 공공사업 가치로 추정하는 것에는 다음과 같은 한계가 있다.

첫째, 편익항목으로 반영되는 객단가가 시장가격이 아니기에 이용자의 진정한 가치판단의 결과인 지불의사금액을 제대로 반영하지 못한다.

둘째, 국내 관련시설이 없어 해외자료를 준용하는 경우 국가의 소득규모, 국민의 선호도 등 문화 및 사회적 여건 차이 등에 따라 편익이 달라질 수 있는 문제가 발생한다.

셋째, 경제학적 견지에서 편익은 해당사업으로부터 발생하는 효과를 얻기 위해 다른 재화에 대한 지출을 줄이면서 기꺼이 지불하고자 하는 최대 금액인 지불의사액으로 정의된다. 하지만 객단가 개념에 근거한 편익 계산 방식은 이를 제대로 반영하지 못할 뿐만 아니라 이론적 근거도 취약한 편이다.

넷째, 특정 공공시설 이용자 지출만을 편익으로 보는 것은 해당 시설에 적지 않은 가치를 부여하고 있는 사람들의 가치판단을 반영하지 못한다.

다섯째, 이용료, 부대수입 등으로 편익을 산정하게 되면 항상 과소추정의 가능성을 갖게 된다. 해당 공공시설로 인한 시간비용의 절감 등 다양한 효용의 편익이 반영되지 않기 때문이다.

따라서 전통적 가치 추계방법 적용에 한계가 있는 공공사업의 경우 최근 다양한 통계학적 모형이나 금융수학(financial mathematics)을 이용한 가치 평가기법이 개발되고 있다. 더불어 공공사업의 가치는 직접편익과 간접편익으로 구분할 수 있다. 공공사업 유형별 편익으로 간주할 수 있는 항목을 정리하면 다음 표와 같다.

표 1.9 공공사업별 가치 측정방법

구분	직접편익	간접편익
교통, 철도	차량운행비용 절감 통행시간 절감 교통사고 감소 쾌적성 증가, 정시성 향상, 안정성 향상 등 전환수요에 의한 통행시간의 절감, 편익	환경비용 절감 지역개발 효과 시장권익 확대 지역 산업구조 개편 대체수단의 유지관리비 절감
수자원	차량운행비용 절감 편익 통행시간 절감 편익 교통사고 감소 편익 환경비용(공해 및 소음) 절감 편익	공사 중 교통 혼잡으로 인한 부(-)의 편익 철도건널목 개선 편익 철도사업으로 인한 도로공간 축소에 따른 부(-)의 편익 주차비용 절감 편익
산업단지조성	추가로 발생하는 산업생산 부가가치 수입(이전수입 배제)	지불의사금액(WTP)
문화관광	입장수입, 부대시설 매출액 시설사용료, 상가시설 매출액	지불의사금액(WTP)
체육시설	연수, 심사, 대회 개최로 인한 수익 대회 등으로 인한 파생수입 시설사용료, 숙박, 식음료 판매수입, 대관료 수입	지불의사금액(WTP)

자료 : 심상달 외, 『예비타당성조사 수행을 위한 일반지침 수정 · 보완 연구』, 제4판, 한국개발연구원, 2004

표에서와 같이 공공사업 경제성 평가를 위해서는 직접 및 간접, 두 가지 측면의 편익(가치)을 모두 고려해야 한다. 이에 최근에는 조건부 가치측정법(CVM : contingent valuation method)과 컨조인트 분석법(CAM : Conjoint analysis method) 등을 도입하여 간접편익 추정이 활발하게 수행되고 있다.

(2) 공공임대주택 리모델링의 가치평가

공공 리모델링 사업과 민간 공동주택 리모델링의 차이점을 비교 · 분석함으로써 공공 리모델링 사업의 특성을 파악할 수 있다. 비교 · 분석해 보면, 장기공공임대주택 리모델링은 공공 리모델링 사업으로써 일반적인 민간 공동주택 리모델링과 다양한 측면에서 차이가 있다.

첫째, 리모델링 대상에 차이가 있다. 민간 리모델링의 경우 일반 노후 공동주택을 대상으로 하고 공공 리모델링은 장기공공임대주택을 대상으로 하고 있다. 이러한 대상의 차이로 일반 공동주택의 경우 소유자, 거주자 등의 이해관계가 복잡하게 얽혀 있지만, 공공의 경우 한 단지 전체를 정부 및 지자체 또는 한국토지주택공사가 일괄 소유하고 있어 의사결정 자체 및 그 절차에 큰 차이가 발생할 수 있다. 그러나 공공의 경우에도 거주자인 임대주택 거주자가 리모델링으로써 얻게 될 효용 등이 정부재정 투입의 타당성 및 국가 예산 배분의 효율성 측면에서 중요한 요소가 될 수 있다.

이러한 관점에서 둘째, 공공과 민간은 리모델링 목표 측면에서도 큰 차이가 있다. 윤영호 외(2010)의 영구임대주택 리모델링 관련 연구에 따르면 민간은 재산가치 증식을 공공은 거주자의 삶의 질 향상을 목표로 한다. 이러한 내용을 정리하면 다음 표와 같다.

표 1.10 공공 리모델링과 민간 리모델링의 비교

구분	민간부문	공공부문
대상	일반 노후 공동주택	노후 장기공공임대주택
목표	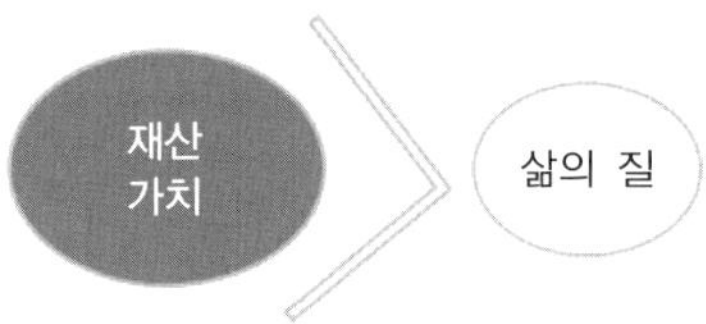	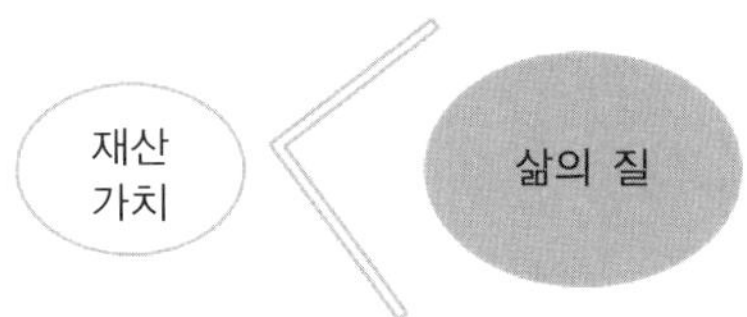
의사결정	개별 소유주체가 일정 비용을 부담하고 의사결정	임대주택은 공적 자산으로 비용이 사회적 차원의 재원으로 충당되며, 제도 틀에서 의사결정이 이루어짐

자료 : 윤영호 외, 『노후 공동주택 구조 및 설비성능 개선 기술 개발』, 1세부 5차년도, 한국건설교통기술평가원 · LH · SH공사, 2010

이때, 재산가치의 증식을 위한 리모델링은 재건축에 준하는 주택 면적 확장 중심의 리모델링을 통해 주거성능 및 주거환경 개선을 통한 효용의 증가와는 구별되는 주택의 시장가치 증가에 초점을 맞춘 리모델링을 의미한다.

반면, 삶의 질 향상을 위한 리모델링은 노후로 낙후된 주거성능 및 주거환경을 개선시키고 변화하는 거주자의 주거에 대한 요구에 부합할 수 있는 시설의 개선 및 추가 등을 위한 리모델링을 의미한다. 이러한 공공부분의 리모델링 가치평가는 공익가치 평가 측면의 접근이 필요하다. 이에 다양한 관점의 가치를 정의한 것 중 장기공공임대주택 리모델링 사업의 경우 공익가치 평가에 해당하므로 유형과 무형의 가치를 함께 평가해야 한다.

경제적 가치 평가는 편익/비용 비율(B/C ratio), 순현재가치(NPV), 내부수익률(IRR)

등의 계산을 통하여 사업의 경제성 · 재무성을 파악하는 과정이라 정의하고, 편익의 경우는 직접편익과 간접편익을 구분하여 산출 가능하며 공공사업의 경제적 가치 평가에서는 이들 직 · 간접 편익이 함께 고려되어야 한다. 따라서 경제성 평가를 위해서는 간접편익인 거주자 지불의사금액(Willing to payment)뿐만 아니라 직접편익인 임대수입(비록 현실 시장의 가치를 제대로 반영하고 있지 않지만)도 함께 고려해야 한다고 본다.

정책적 가치로는 정책 분석 속성의 범주화를 통해 기본 목표는 정책의 중심효과성 극대화, 정책의 일관성 및 추진 의지 극대화, 정책 추진상의 위험 최소화로 도출하였다. 각 기본 목표의 하위 범주로 평가 속성은 거주자 주거 만족 극대화, 시설물 노후 개선 효과 극대화, 주변 지역 주거환경 향상 효과 극대화, 경기부양 효과 극대화, 사업계획과 정책방향의 일치성, 실행기관의 사업 추진 의지 및 선호도 극대화, 사업의 준비 정도 최적화, 재원조달 가능성 극대화, 물리적 환경 확보 가능성 극대화, 민원발생 최소화, 이주주택 확보 가능성 극대화의 11가지 속성으로 설정할 수 있다.

표 1.11 정책가치 평가 속성

목표	속성	속성평가 기준내용
정책의 중심효과성 극대화	거주자 주거만족 극대화	사업을 통해 거주자의 주거만족 향상
	시설물 노후 개선 효과 극대화	사업을 통해 시설물의 노후도 개선
	주변지역 주거환경 향상 효과 극대화	대상 단지의 주거환경 개선이 주변 지역 주거환경 향상에 파급효과를 미침
	경기부양 효과 극대화	일자리 창출 등 경기부양 효과가 있으며 지역사회에 파급 효과를 미침
정책의 일관성 및 추진의지 극대화	사업계획과 정책방향의 일치성	정책이 일관성 있게 추진될 수 있도록 사업계획과 정책방향이 일치함
	실행기관의 사업 추진 의지 및 선호도 극대화	정부, 공기업(LH 등), 지차제의 사업추진 의지 및 선호도가 높음
	사업의 준비 정도 최적화	사업이 체계적으로 실행될 수 있도록 준비가 잘돼 있음
정책 추진상의 위험 최소화	재원조달 가능성 극대화	사업이 추진될 수 있도록 지속가능한 재원조달 가능성이 높음
	물리적 환경 확보 가능성 극대화	건축물구조, 설비, 공사 중 작업공간 확보 등 기술적으로 사업추진이 가능한 물리적 환경 확보가 가능함
	민원 발생 최소화	사업대상 단지 거주자 및 인근지역 거주자의 민원발생 가능성이 낮음
	이주주택 확보 가능성 극대화	사업으로 인한 이주주택 확보가 필요 없거나 필요한 경우 확보 가능성이 높음

4) 공공사업 (예비)타당성 평가 모델[8)]

(1) 공공사업 (예비)타당성 조사제도

타당성 분석(feasibility analysis)이란 계획하고 있는 개발사업이 투자자본에 대한 투자자의 요구수익률을 확보할 수 있느냐의 여부를 분석하는 것을 말한다. 여기서 요구수익률(required rate of return)이란 투자자가 다른 대안에 투자하더라도 얻을 수 있는 수익률로 최소한의 기대수익을 의미한다.

예를 들어 요구수익률이 12%인 투자자가 A라는 투자 안에 투자를 고려하고 있다면 이 투자자는 다른 곳에 투자하더라도 최소한 12%의 수익은 보장받을 수 있기 때문에 투자안 A의 수익률이 12%를 상회하지 않으면 투자를 하지 않을 것이다. 반면 여러 가지 분석방법에 의해 분석한 결과 투자자의 요구수익률을 충족시킬 수 있는 경우에 그 투자사업은 타당성이 있다고 말한다. 물론 타당성의 개념에는 이상에서 살펴본 경제적 타당성 외에도 물리적 타당성과 법적 타당성이 있지만 결국 모든 분석은 경제적 타당성을 분석하는 문제로 귀착된다. 대상 투자사업이 물리적으로나 법적으로 많은 어려움이 있다고 해도 경제성만 충분하면 그 투자사업은 충분히 투자할 가치가 있는, 즉 투자타당성을 지니고 있는 것이라 하겠다(정수연 외, 2003).

예비타당성 조사는 기획재정부 주관으로 대규모 신규 사업의 타당성을 객관적이고 중립적인 시각으로 사전조사하는 제도를 말한다. 이는 국가재정법 제28조, 동법 시행령 제13조에 따라 과거 사회간접자본 중심에서 정보화, R&D, 사회복지, 문화관광, 환경보호, 교육, 산업·중소기업 분야 등으로 대상 범위가 확대되었다.

주요 대상사업은 총사업비 500억원 이상, 국고 300억원 이상인 대규모 신규 사업을 말하고, 구체적인 내용은 ① 토목·건축 등 건설공사가 포함된 사업, ② 정보화 사업, ③ 연구개발(R&D) 분야 등이 주축이고, ④ 그 밖에 사회복지, 보건, 교육, 노동, 문화 및 관광, 환경 보호, 농림해양수산, 산업·중소기업 분야도 포함된다(단, 이 경우에는 국가재정법 제28조에 따라 제출된 중기사업계획에 의한 재정지출이 500억원 이상 수반되는 신규 사업을 말한다).

또한 추정 총사업비 500억 미만 사업이라도 사업추진 과정에서 500억 이상으로 증액될 것이 명백한 사업에 대해서도 예비타당성 조사를 시행한다(이춘근 외, 2009).

---

8) 조용경, 공공사업 의사결정 모델 개발에 관한 연구 ; 장기공공임대주택 리모델링 사업을 중심으로, 건국대학교 박사학위 논문, 2012

(2) (예비)타당성 조사 수행 절차

타당성 조사 수행 기관인 한국개발연구원을 중심으로 한 타당성 조사 관련 연구 내용을 정리하면 일반적인 타당성 분석 절차는 〈그림 1.2〉와 같다(박현 외, 2004 ; 기획재정부, 2008 ; 이춘근 외, 2009). 먼저 자료 분석을 통해 사업의 개요 및 재검증의 쟁점을 파악하고 사업계획의 적절성을 검토한다.

그 다음 경제성 분석과 정책적 분석을 실시하여 두 평가결과를 AHP(Analytic Hierarchy Process) 등 다기준 분석 방법을 이용하여 종합 평가를 하는 순서로 시행한다.

각 단계별로 살펴보면, 첫째 기초자료를 분석하여 사업의 쟁점을 부각시키고, 둘째, 수요추정 편익의 추정, 비용의 추정을 통해 경제성 분석을 실시하고 민감도 분석을 병행한다. 셋째, 지역경제 파급효과분석, 지역낙후도 평가, 재원조달 가능성 평가 등을 통한 정책적 분석으로 대상 사업의 국민경제적 위치를 파악하고, 넷째, AHP와 같은 다중기준분석(multi-criteria analysis) 방법을 활용하여 경제성 분석 및 정책적 분석 결과의 종합평가를 실시하는 것이다.

경제성 분석의 시작은 사업의 수요 추정으로부터 시작된다. 수요 추정을 위해서는 다양한 방법의 통계분석 방법이 필요하다. 일반적으로 과거의 경험이나 국내외 유사 사업의 사례에 대한 분석을 통하여 수요 추정치의 적합성 여부를 점검하여야 한다. 추정된 수요에 입각하여 편익을 추정하는데, 총사업비를 추정하기 위해서는 건설비, 보상비 등 시설구축을 위한 초기 투자비용과 유지관리비, 시설개량비 등 시설운영에 따르는 비용을 추정할 수 있어야 한다.

경제성 분석은 편익 · 비용 비율(B/C ratio), 순현재가치(NPV), 내부수익률(IRR) 등의 계산을 통하여 사업의 경제성 · 재무성을 파악하고, 필요한 경우 경제성 분석에 사용된 각종 추정치의 오차를 보완하기 위하여 수요, 비용단가, 할인율 등 주요 변수의 변화가 경제성에 미치는 영향에 대한 민감도 분석도 수행된다.

기본적 평가	
목적 및 내용	**분석 방법**
사업의 개요 및 재검증의 쟁점 파악	**기초자료 분석**
사업개요 및 사업추진 경위 파악 이전 단계 분석에 대한 자료 수집 재검증의 주요 쟁점 파악	사업의 배경, 목적 지역현황 유사시설 사례 분석 공학적 자료 조사
사업계획의 적절성 검토	
사업 목적의 적절성 검토 사업 추진방식의 적절성 검토 선정 대안의 적절성 검토	

경제성 분석	
목적 및 내용	**분석 방법**
수요 추정 편익의 추정 비용의 추정 민감도 분석	비용/편익 분석 사회적 할인율, 매몰비용을 고려한 현금수지분석

정책적 분석	
목적 및 내용	**분석 방법**
정책적 측면에서 사업추진의 적절성 검토	지역경제 파급효과 국고지원의 적합성 재원조달 계획 환경성 평가

종합평가 : 타당성 재검증	
목적 및 내용	**분석 방법**
사업의 지속 추진 여부 판단 적정 총사업비 조정액 도출 사업추진상의 개선 사항 발견 사업 추진전략 제시	AHP 분석 다기준 분석에 의한 추진 여부 결정 사업간 우선순위 결정

자료 : 기획재정부, 『2008년도 예비타당성조사 운용지침』, 2008 ; 박현 외, 『타당성 재검증 표준지침 연구』, 한국개발연구원, 2004.

그림 1.2 타당성 분석 수행 흐름도

경제성 분석은 해당 사업의 경제적 가치를 파악하여 사업에 대한 이해도를 돕는 것이 목적이다. 때문에 사업의 추진 여부를 결정할 때 경제성 분석만으로 판단하는 것은 아니다. 투입되는 사업은 기본적으로 공공재적 성격이 있기 때문에 경제성 분석과는 별도로 경제적 차원의 검토가 요구된다. 여기서 정책적 분석의 주요 쟁점은 지역경제 파급 효과분석, 지역균형개발을 위한 평가, 낙후도 평가, 재원조달 가능성 평가, 국고지원의 적합성 등 제반 사항을 고려해야 한다.

사업의 추진 여부에 대한 최종적인 판단을 내리기 위해서는 종합평가를 실시하여야 하는데, 두 가지 평가기준을 통합하는 것은 쉽지 않다. 다양한 평가기준을 하나로 묶는 체계적인 방안으로 다중기준 분석이 평가의 모집단 선정방안 등에 관해서 보다 폭넓은 합의가 필요하다.

건축 분야에서의 예비타당성과 관련해서 국토교통부는 2000년 '건설기술관리법시행령'을 개정하여 공공사업수행의 순차적 절차와 기준을 법제화하면서 총사업비가 100억원 이상인 공공건설공사의 시행절차를 규정하였다.[9] 시행절차는 〈그림 1.3〉과 같이 기본구상 → 예비타당성 조사 → 타당성 조사 → 기본계획 → 기본설계 → 실시설계 → 시공/감리 → 준공 → 사후평가/유지관리 순서이다. 이 가운데 상당한 시간과 인력을 투입하여 신뢰할 만한 총사업비를 추정하는 단계는 대체로 예비타당성 조사, 타당성 조사/기본계획, 기본설계, 실시설계, 시공단계이다.

이러한 장시간에 걸쳐 많은 비용 투입이 예상되는 단계에 따라 총사업비가 이전 단계에 비하여 현저하게 변화할 가능성이 있다. 따라서 시행절차를 명확히 규정함으로써 예산낭비와 부실시공의 부작용을 줄이고, 건설과정에 참여한 각 주체의 책임의식을 고취시키고, 사후관리를 강화함으로써 공공건설사업의 효율성을 제고하도록 하고 있다.

분석방법론 측면에서, 건축부문 사업의 타당성 재검증에는 해당 분야의 다양한 분석방법론을 적용해야 한다. 건축부문 사업에 대해서는 별도의 예비타당성 조사 지침이 정립되어 있지 않은 상태이다.

따라서 한국개발연구원의 문화, 관광, 체육, 과학부문 사업의 예비타당성 조사 표준지침 연구가 있다. 건축부문 사업의 경제성 분석에 대해서는 정형화된 방법론이 정립되어 있지 않았으나 사업의 성격에 따라 해당 분야에 대한 경제성 분석에 적합한 분석

9) 건설기술관리법시행령 제38조의4 및 건설교통부 공공사업효율화종합대책(1999 시행)에 따라 시행절차를 규정 하였다.

단계	절차	내용
투자 평가 단계	기본구상	공사의 규모 및 공사비 동일, 유사 공사비 사후평가서 참조
	↓ 예비타당성 조사	총사업비 500억원 이상 대형 건설공사 국민경제적 관점에서 사업의 타당성 검토 다양한 대안 검토
	↓ 타당성 조사	총사업비 500억원 이상 대형 건설공사 공사비 추정 타당한 공사비의 증가한도 제시
	↓ 기본계획	공사비 및 재원조달 계획 개별 공사비 투자 우선순위 연차별 공사 시행 계획
설계 단계	↓ 기본설계	기본계획 재검토 및 반영 개량공사비 산출 • 구조물 형식, 지반 · 토질조사(30%), 측량 실시설계의 방법 결정 관계인 의견 청취
	↓ 실시설계	기본설계를 토대로 실시 공사비 산출 및 확정 • 구조물 형식결정, 지반 · 토질조사(70%) 설계의 경제성 검토
계약 및 착공	↓	
시공 단계	설계변경	공법변경 • 신기술, 신공법 적용 공사기간 연장 • 용지보상지연, 민원해결 방안, 외부요인 지하매설물 추가 발생 토질 조건이 설계도서와 상이
	↓ 공사비 관리	총 공사비 500억원 이상 건설공사 세부공종별 투입공사비, 공사기간을 계획과 비교 관리
	↓ 시공정산	공사완료시 설계도서와 시공수량을 비교하여 정산실시
	↓ 유지관리비 및 사후평가	

그림 1.3 공공투자사업 수행의 일반적 절차

방법론을 적용하여 경제성 분석을 수행해야 한다. 예를 들어 문화시설의 경우 한국개발연구원(2004)의 문화 · 과학시설의 가치 추정연구에서 제시한 조건부가치측정법(CVM : Contingent Valuation Method)이나 컨조인트분석법(CAM: Conjoint Analysis Method) 등의 방법론을 적용할 수 있다.

다만, 건축부문 사업의 경우 경제성 분석의 유용성과 분석방법 적용의 엄밀성에 있어 한계가 존재하므로 경제성 분석의 실익을 판단하여 경제성 분석의 수행 여부를 판단하는 것이 바람직하다(박현 외, 2004).

3.3 리모델링 가치분석의 활용 및 향후 과제

리모델링 가치분석 결과는 경제적 이익을 추구한다는 측면에서는 정량적인 비용 · 편익분석을 통해 사업 전에 실시한 가치분석이라면 사업 착수 여부에 관해 의사결정 기준을 마련해 줄 수 있다. 사업 중이나 사업 후에 실시한 가치분석이라면 사업의 결과를 평가하는 지표로 활용될 수 있다. 사전 가치분석은 단순하게는 견적을 내보는 행위(비용추정)나 사업의 타당성 검토로써 이루어질 수 있다. 이를 통해 적절한 리모델링 사업의 수준이나 앞서 설명한 리모델링 외의 대안 간 선택이 가능하다.

사후 분석의 경우도 사전 분석의 경우 만큼 활용성이 높다. 특히, 상업용 부동산 중 규모가 크고 투자자들이 있는 경우라면 사전에 사업타당성 검토를 통한 가치분석뿐만 아니라 사후 가치분석을 통해 자산관리업체 등 부동산 관리주체를 평가하는 도구로 활용될 수 있다. 더불어 공적 목적의 산업용 부동산의 경우에는 리모델링이 공적인 자금(정부 및 지자체의 예산 등) 투입에 의해 실시되었다면 사후평가를 통해 예산 사용의 적절성을 평가받을 수 있다.

이렇게 리모델링 가치분석의 활용성이 높은 만큼 가치에 관한 다양한 관점의 정의에 따른 다양한 가치분석 방법과 대상 부동산의 성격을 고려한 다양한 가치분석 방법의 실무 적용을 통해 합리적인 리모델링 의사결정이 필요하다. 이에 가치분석 방법의 지속적인 개발과 실무자에 의한 다양한 방법의 활발한 실무적용이 된다면 리모델링 시장이 합리적이고 효율적 시장이라는 인식을 줄 수 있어 결과적으로 리모델링 시장의 활성화에 기여할 수 있다고 본다.

제2장
리모델링사업과 감정평가

1. 리모델링사업에서 감정평가의 이해

1.1 감정평가의 개념

"감정평가"라 함은 토지 등의 경제적 가치를 판정하여 그 결과를 가액으로 표시하는 것을 말하며 "감정평가업"이라 함은 타인의 의뢰에 의하여 일정한 보수를 받고 토지 등의 감정평가를 업으로 행하는 것을 말하고 "감정평가법인 등"이라 함은 관련 법 규정에 의한 신고와 인가를 받은 감정평가사 사무소와 감정평가법인을 말한다.

1.2 리모델링 감정평가의 종류

리모델링사업과 관련한 감정평가는 사업절차상 순서대로 ① 미동의자 자산 확보를 위한 매도청구 감정평가 ② 권리변동계획 수립과 분담금 확정을 위한 종전자산과 종후자산 감정평가 ③ 분양계약이 이루어지지 아니한 자를 위한 현금청산 감정평가가 등이 있다.

리모델링사업 등 도시재생사업과 관련한 감정평가는 조합원과 비조합원간, 그리고 조합원 간에 감정평가가액의 균형 유지가 중요한데 이는 다수의 이해관계로 인하여 일반적인 시가감정평가, 담보감정평가, 그리고 경매감정평가나 강제수용방식의 보상감정평가와는 평가목적과 평가방법 평가의 기준시점 등에서 차이가 있으므로 감정평가 시에 유의해야 한다.

특히 리모델링사업의 감정평가결과는 조합원 간, 그리고 조합원과 현금청산자 간 이해관계에 지대한 영향을 미치기 때문에 감정평가의 공정성과 형평성은 아무리 강조해도 지나침이 없다.

1.3 감정평가의 원칙과 절차

1) 감정평가원칙

(1) 시장가치기준 원칙

평가 대상물건에 대한 감정평가는 시장가치를 기준으로 결정한다. 시장가치란 시장에서 거래되는 가격이 결정되는데 토대를 이루는 가치를 말한다. 하지만 법령에 다른 규정이 있는 경우와 감정평가 의뢰인(이하 "의뢰인"이라 한다)이 요청하는 경우, 그리고 감정평가 목적이나 대상물건의 특성에 비추어 사회통념상 필요하다고 인정되는 경우는 법령의 규정에도 불구하고 시장가치 외 가치를 기준으로 결정할 수 있다.

다만, 시장가치 외 가치를 기준으로 감정평가 할 때에는 해당 시장가치 외 가치의 성격과 특징, 시장가치 외 가치를 기준으로 하는 감정평가의 합리성 및 적법성 등을 검토하여야 한다.

또한 감정평가사는 시장가치 외 가치를 기준으로 감정평가하는 것이 합리성 및 적법성이 결여(缺如)된다고 판단될 때에는 의뢰를 거부하거나 수임(受任)을 철회할 수 있다.

(2) 현황기준 원칙

감정평가는 기준 시점에서 현재 상태를 기준으로 평가한다. 즉 대상물건의 이용상황(불법적이거나 일시적인 이용은 제외한다) 및 공법상 제한을 받는 상태를 기준으로 평가함을 원칙으로 하되 감정평가조건의 합리성과 적법성, 그리고 실현가능성을 검토하여 실제와 다르게 가정하거나 특수한 경우로 한정하는 조건(이하 "감정평가조건"이라 한다)을 붙여 감정평가할 수 있다.

(3) 개별 물건기준 원칙

감정평가는 대상물건마다 개별로 하여야 한다. 다만, 둘 이상의 대상물건이 일체로 거래되거나 대상물건 상호 간에 용도상 불가분의 관계가 있는 경우에는 일괄하여 감정평가 할 수 있으며, 하나의 대상물건이라도 가치를 달리하는 부분은 이를 구분하여 감정평가 할 수 있다.

또한 일체로 이용되고 있는 대상물건의 일부분에 대하여 감정평가해야 할 특수한 목적이나 합리적인 이유가 있는 경우에는 그 부분에 대하여 감정평가 할 수 있다.

2) 감정평가 절차

감정평가법인은 다음 각 호의 순서에 따라 감정평가를 하여야 한다. 다만, 합리적이고 능률적인 감정평가를 위하여 필요한 때에는 순서를 조정할 수 있다.

① 기본적 사항 확정(의뢰인, 대상물건, 감정평가목적, 기준시점, 감정평가조건, 기준가치, 전문가의 자문 또는 용역사항, 감정평가 수수료 및 실비 청구와 지급)

② 처리계획 수립(일련의 작업과정에 대한 계획 수립)

③ 대상물건 확인(사전조사, 실지조사)

④ 자료수집 및 정리(감정평가액 산정을 위한 확인자료, 요인자료, 사례 자료수집과 정리)

⑤ 자료검토 및 가치형성 요인 분석(자료의 신뢰성, 충실성과 지역요인 및 개별 요인 분석)

⑥ 감정평가방법 선정 및 적용(대상물건의 특성이나 감정평가목적 등에 따라 평가방법 선정 및 적용)

⑦ 감정평가액의 결정 및 표시(대상물건의 가치를 최종적으로 결정하여 감정평가서에 그 가액을 표시하는 절차)

1.4 감정평가서 작성방법

감정평가사는 감정평가서를 의뢰인과 이해관계자가 이해할 수 있도록 명확하고 일관성 있게 작성하여야 하며, 감정평가서에는 다음의 사항이 포함되어야 한다.

① 감정평가법인 등의 명칭

② 의뢰인의 성명 또는 명칭

③ 대상물건(소재지, 종류, 수량, 그 밖에 필요한 사항)

④ 대상물건 목록의 표시근거

⑤ 감정평가 목적

⑥ 기쥬시졈, 조사기간 및 감정평가서 작성일

⑦ 실지조사를 하지 아니한 경우에는 그 이유

⑧ 시장가치 외 가치를 기준으로 감정평가 한 경우에는 시장가치 외 가치의 성격과 특징, 그리고 감정평가의 합리성과 적법성을 검토하여야 한다.

⑨ 감정평가조건을 붙인 경우에는 그 이유 및 조건의 합리성과 적법성, 실현가능성을 검토하여야 한다. 다만, 법령에서 다른 규정이 있는 경우에는 해당 법령을 기재하는 것으로 갈음할 수 있다.

⑩ 감정평가액
⑪ 감정평가액의 산출 근거 및 결정 의견
⑫ 전문가의 자문 등을 거쳐 감정평가 한 경우 그 자문 등의 내용
⑬ 그 밖에 이 기준이나 다른 법령에 따른 기재사항

1.5 리모델링 감정평가의 방법

1) 매도청구 감정평가

매도청구 감정평가는 조합설립인가 후 조합설립에 동의하지 않은 미동의자의 재산권 확보를 위해 하는 감정평가를 말한다.

매도청구는 주택법 제22조, 도시 및 주거환경정비법 제64조에 의거 사업시행자는 사업시행계획인가의 고시가 있은 날로부터 30일 이내에 조합설립 또는 사업시행자의 지정에 관한 동의 여부를 회답할 것을 서면으로 촉구하여야 하며 촉구를 받은 토지 등 소유자는 촉구받은 날로부터 2개월 이내에 회답하여야 한다.

2개월 내에 회답하지 아니한 경우 그 토지 등 소유자는 조합설립 또는 사업시행자의 지정에 동의하지 아니하겠다는 뜻을 회답한 것으로 보며 이미 2개월 이내에 동의하지 아니하겠다는 뜻을 회답한 토지 등 소유자와 건축물 또는 토지만을 소유한자에게 조합은 건축물 또는 토지의 소유권과 그 밖의 권리를 조합에 매도할 것을 청구할 수 있다.

리모델링 조합이 사업승인권자인 시 · 군 · 구청장으로부터 사업승인을 득하기 위해서는 전체 사업부지에 속하는 토지와 건물에 대한 소유권 등의 확보가 전제되어야 하므로 조합은 매도청구대상자 소유의 구분건물과 그 밖의 권리를 매도하라는 매도청구 소송을 법원에 제기한다.

법원의 지정을 받은 감정평가사는 미동의자의 재산가치를 시가로 감정평가하며 감정평가서를 납품받은 법원은 그 감정결과를 조합과 미동의자에게 통지하여 통지받은 감정평가 가액을 기초로 조합과 미동의자의 매도협의가 이루어진다.

이때 법원은 리모델링사업과 재건축사업의 매도청구 감정평가 가액에는 개발이익을 포함하여 감정평가 하도록 하고 있는데, 어디까지를 개발이익으로 보아야 하는가에 대한 개발이익의 정의 문제와 그 개발이익 중 얼마만큼 계량하여 감정평가에 반영하는 것이 공정한 감정평가인지가 매도청구감정평가의 관건이다.

대법원 판례(95다 38172판결)에 의하면 "집합건물법에 의한 재건축결의가 있은 후 재건축 불참자에 대해 매도청구권이 행사된 경우, 시가란 매도청구권이 행사된 당시의 구분소유권과 대지사용권의 객관적 거래가격으로써 노후되어 철거될 상태를 전제로 한 거래가격이 아니라 그 건물에 관하여 재건축 결의가 있었다는 것을 전제로 하여 구분소유권과 대지사용권을 일체로 평가한 가격, 즉 재건축으로 인하여 발생할 것으로 예상되는 개발이익이 포함된 가격을 말한다."고 하여 거래되는 시가는 개발이익을 포함하여 거래된다고 보았다.

"도시정비 평가지침"에 의하면 "가격시점 현재 현실화·구체화되지 아니한 미실현 개발이익이나 조합원의 장래 비용부담을 전제로 한 개발이익은 이를 포함하지 아니한다."고 하였다.

한편 매도청구나 현금청산 대상자는 매도청구나 현금청산으로 인한 양도소득세가 부과되고 이와는 별도로 현금청산 대상자는 사업기간 동안 제 사업경비 등을 공제하고 지급한다는 조합정관 규정이 있는 경우 매도청구 대상자와 달리 현금청산자가 지급받는 현금청산금액은 감정평가 가액보다 줄어들 수 있음에 유의해야한다.

2) 종전자산 감정평가

종전자산 감정평가는 주택법 제67조(권리변동계획의 수립)와 동법시행령 제77조, 도시 및 주거환경정비법 제74조(관리처분계획의 인가) ①항에 의거 분양대상자(조합원)별 종전의 토지 또는 건축물명세 및 사업시행계획인가 고시가 있은 날을 기준으로 한 가격을 말한다.

리모델링 사업에서는 행위허가일 또는 사업승인고시일을 기준으로 분양대상자인 조합원의 자산가치를 감정평가 하는 것을 말한다.

조합의 신청으로 시군구청의 행위허가 또는 사업승인고시가 있게 되면 사업시행자인 조합은 분담금 확정계획을 수립하여야 하는데, 이때 조합원별 종전의 토지 건물 명세표를 작성하고 행위허가일 또는 사업승인 고시일을 기준으로 조합원의 자산가치를 감정평가한다.

이때 종전자산의 감정평가는 감정평가사 2인 이상의 감정평가법인 등이 감정평가한 금액을 산술평균하여 산정하며 다수의 조합원과 이해관계인이 존재하므로 조합원간 공정하고 형평에 맞는 권리배분이 가능하도록 감정평가하여야 한다.

3) 종후자산 감정평가(분양예정 대지 또는 건축물 추산액 감정평가)

종후자산 감정평가는 주택법 제67조(권리변동계획의 수립)와 동법시행령 제77조, 도시 및 주거환경정비법 제74조(관리처분계획의 인가) ①항 에의거 리모델링 후 분양예정 대지 또는 건축물 추산액을 감정평가 하는 것을 말하며 리모델링에서는 재건축사업과 달리 별도의 법정 분양신청기간이 없으므로 리모델링 종후자산 감정평가는 종전자산 감정평가 기준일과 동일하게 행위허가일 또는 사업승인 고시일로 감정평가하거나 또는 사업기간이 지연되어 사업비의 확정이 늦어지는 경우 분담금확정총회 (예정)일로 결정함이 바람직하다.

리모델링사업을 위한 권리변동계획을 기초로 수립된 분담금확정 계획에는 분양신청자별로 리모델링 후 분양예정 대지 또는 건축시설의 추산액이 포함되어야 하며, 그 추산액은 감정평가사 2인 이상의 감정평가법인 등이 감정평가한 금액을 산술평균하여 산정하도록 하고 있으며 이는 공동주택과 상가 등 부대복리시설이 모두 동일하다.

종후자산 감정평가는 리모델링 후 별동 증축이나 수평 증축 등의 영향으로 동간 간섭은 물론이고 위치별 · 층별 선호도, 평면구조 및 전후 면적 차이 등이 발생하므로 그 선호도 등의 차이에 따른 조합원 분양가격을 달리하여 선호도 높은 층과 호수는 분양가격이 크고 그렇지 않은 층과 호수는 상대적으로 분양가격을 작게 하여 조합원간 공정하고 형평에 맞는 분담금확정이 가능하도록 하여야한다.

4) 현금청산 감정평가

현금청산 감정평가란 도시및주거환경정비법 제73조(분양신청을 하지 아니한 자 등에 대한 조치)에 의거 조합원이라 해도 분양신청 기간에 분양신청을 하지 아니한자, 분양신청기간 종료이전에 분양신청을 철회한자, 분양신청은 했어도 분양계약을 체결하지 아니한자, 그리고 분담금확정총회에서 분양신청 대상 제외자로 결정되면 현금청산자로 분류하게 되는데, 이때 현금청산자의 재산을 매입하기 위한 감정평가를 말한다.

현금청산 감정평가는 분양신청기간 종료일 익일 또는 분양신청 제외자로 결정된 날 익일을 기준으로 감정평가하고, 그 감정가액으로 90일 이내에 조합과 협의하여 현금청산하며, 이때 사업기간 중 발생하는 사업비의 일부를 공제할 수 있고 협의가 성립하지 아니할 때 사업시행자는 협의기간 만료일 다음날로부터 60일 이내에 매도청구소송을 제기하여야 한다. 60일을 넘겨 매도청구소송을 제기하는 경우 사업시행자는 매도청구 대상자에게 지연일 수에 따른 100분의 15이하의 범위에서 대통령령으로 정하는 지연

이자를 지급하여야 한다.

조합사업은 조합원 모두가 지분투자자가 되고 지분투자자인 조합원은 당해 개발사업의 수익성에 따른 개발이익을 지분투자액에 비례해서 공정하게 신규 아파트 또는 상가로 분양받게 된다.

그러나 조합원 중 사정상 현금청산을 원하는 조합원이 발생할 수밖에 없는데, 이는 향후 부동산 개발이익에 대한 기대보다는 조기에 현금화하거나 다른 대체투자 물건에 투자하려는 소유자가 있기 때문이며, 이러한 현금청산 조합원의 증가는 조합의 고민거리가 아닐 수 없다.

왜냐하면 첫째 현금청산 평가금액이 분담금확정을 위한 종전자산 평가금액보다 대폭 높게 평가되면 기존 조합원 중에서도 현금청산하려는 조합원이 증가하여 조합의 존립자체가 어렵기 때문이고, 둘째는 현금청산조합원이 증가하는 경우 부동산경기 침체기에 일반분양 물량이 부담스럽기 때문이며, 셋째는 현금청산자의 증가는 생각지도 못한 금융비용 증가로 이어져 수익성이 악화될 수 있기 때문이다.

따라서 형평성과 공정한 수익배분을 목표로 하는 리모델링사업과 정비사업 평가에서는 조합원 간의 형평성과 공정성도 중요하지만 정비사업에 참여하지 않는 현금청산대상자의 협의를 위한 평가도 공정성이 매우 강조된다.

그러나 재개발조합의 경우에는 "공익사업을 위한 토지 등의 취득 및 보상에 관한 법률"에 의거 당해 사업으로 인한 개발이익을 배제하여 평가하도록 하고 있어서 재건축이나 리모델링 조합과 달리 재개발조합은 현금청산 금액이 적을 수 밖에 없으므로 재개발구역의 토지 등 소유자는 현금청산에 신중할 필요가 있다.

1.6 권리변동계획 수립을 위한 감정평가 기준

1) 종전자산 감정평가

리모델링사업을 위한 종전자산 감정평가는 주택법 제67조(권리변동계획의 수립)와 주택법 시행령 제77조(권리변동계획의 내용)에 의거 행위허가일 이나 사업승인 인가고시일을 기준으로 감정평가한다.

또한 정비사업 "표준정관" 제45조(관리처분 기준)에서는 "조합원 소유재산에 관한 관리처분계획은 분양신청 및 공사비가 확정된 후 건축물 철거 전에 수립하며 다음 각 호의 기준에 따라 시장군수에게 인가(승인)를 받아야 한다."고 하면서 ① 종전토지의 소유면적은 지적공부에 의하고 ② 종전건축물의 면적은 건축물대장을 기준으로 하되 ③ 건축물관리대장에 등재되어 있지 아니한 건축물에 대하여는 재산세 과세대장 또는 측량성과를 기준으로 할 수 있으며 ④ 이 경우 위법하게 건축된 부분의 면적은 제외한다고 규정하고 ⑤ 소유권은 관리처분계획 기준일 현재 부동산등기부에 의하며 무허가건축물은 관할 동장이 발행한 무허가건축물 확인원 또는 소유자임을 입증하는 자료를 기준으로 한다고 규정하였다.

이렇듯 조합원의 종전자산평가는 도정법에 그 기준일을 명시하고 있고 정관에서 감정평가의 기준으로 지적공부와 건축물대장, 그리고 등기부를 기준으로 평가하도록 명시적으로 표시하는 이유는 감정평가 기준시점에 따라 재개발사업과 재건축사업은 물론 리모델링사업에서도 감정가액이 변동되어 조합원간 형평성과 사업의 수익성 등 조합원의 재산권 가액에 직접적인 영향을 주기 때문이다.

2) 종후자산 감정평가

리모델링사업 종후자산 감정평가는 주택법 제67조(권리변동계획의 수립), 주택법 시행령 제77조(권리변동계획의 내용), 도시 및 주거환경정비법 제74조(관리처분계획의 인가 등), 도시환경정비조례 제29조(분양예정대지 또는 건축물 추산액 산정) 규정 등에 의해 감정평가가 이루어지며, 2인 이상의 감정평가 법인 등이 평가한 감정평가액을 산술평균한 금액으로 산정한다.

다만, 건축계획에 대하여는 효용지수(분양예정건축물의 동별, 위치별, 향별, 층 및 용도 등에 따라 감정평가시에 고려하는 효용비율로서 이를 지수로 나타낸 것을 말한다)를 병행할 수 있다고 규정하고 있다.

리모델링사업에서 권리변동계획이란 종전에 토지 등 소유자가 가지는 토지 및 건축물에 대한 권리를 리모델링사업 시행으로 새로이 조성되는 대지 및 건축물에 대한 권리로 전환시키는 계획을 말한다.

따라서 권리변동계획 수립을 위한 종후아파트의 감정평가는 토지 등 소유자가 자신이 취득하여야 할 건축물과 대지지분, 그리고 그 가액이 얼마인지를 알 수 있는 중요한 기준이 된다.

1.7 리모델링 아파트의 가치형성 요인

1) 구분소유건물 아파트의 가치형성 요인

(1) 구분소유권 개념

구분소유건물은 일반부동산과 달리 단일 혹은 수개의 필지로 이루어진 일단의 토지상에 소재하는 일동의 건물에 다수의 소유권이 존재하는 특성으로 각 구분소유권이 속하는 전체 부동산에 대한 가치형성 요인과 대상 구분소유권 자체의 가격형성요인으로 구성되는 특성이 있다. 이러한 가치형성 요인의 구분은 구분소유권 중 단지전체 토지의 입지요인에 해당하는 "외부 요인"과 구분소유권이 속한 건물 전체에 대한 가치형성 요인으로써의 "건물 요인", 그리고 개별 구분소유권 각각에 대한 가치형성 요인으로써 "개별 요인"으로 분류한다.

(2) 외부 요인

단지 전체를 하나의 부동산(토지)으로 볼 때 아파트단지의 외부요인은 가로조건, 접근조건, 환경조건, 행정조건, 기타 조건으로 나눌 수 있으며, 각 조건별로 검토해야 할 항목과 세부항목으로 구분된다.

표 2.1 구분소유권의 외부 요인

조건	항목	세부항목
가로 조건	가로의 폭, 구조 등의 상태	도로의 폭, 포장상태, 계통 및 연속성
접근 조건	도심과의 거리, 교통시설의 상태	인근 교통시설의 편의성, 도시중심과의 접근성
	상가의 배치 상태	단지내 및 인근상가의 편의성과 품격
	공공 및 편익시설의 배치상태	유치원, 학교, 공원, 병원, 관공서 등
환경 조건	기상조건	일조, 습도, 온도, 통풍 등
	자연환경	조망, 경관, 지반, 지질 등
	사회환경	거주자의 직업, 연령, 학군 등
	공급 및 처리시설의 상태	상수도, 하수도, 도시가스 등
	위험 및 혐오시설	변전소, 가스탱크, 오수처리장 등의 유무, 특별고압선 등의 통과유무
	재해발생의 위험성	홍수, 사태, 절벽붕괴 등
	공해 발생의 정도	소음, 진동, 대기오염 등
획지 조건	획지상태	획지의 표준적인 면적, 획지의 정연성, 건물의 조밀도, 주변의 이용 상태
행정 조건	행정상의 규제정도	용도지역, 지구, 구역 등
기타 조건	기타	장래의 동향, 기타

(3) 건물요인

대상 구분소유권이 속한 건물전체의 요인으로서 단지의 전반적인 가격 수준에 영향을 주며 일반적으로 건설회사별 지명도에 따라 선호도가 차이가 있는데 이는 시공상태, 설계에 따른 구조 및 마감과 설비, 부대시설 등이 복합적으로 반영된 결과라고 볼 수 있다.

표 2.2 구분소유권의 건물 요인

조건	항목	세부항목
시공 상태	전체 건물의 기초, 벽체의 방습, 방음, 단열 및 안전성 등	건물의 안전성과 결로, 투습으로 인한 곰팡이, 소음 등 환경 관련하여 관심이 높아짐.
설계, 설비	설계에 따른 구조의 양부와 각종 설비의 유무, 종류, 수준 등	거실 크기, 방 및 화장실수, 난방방식, 계단식과 복도식, 승강기 크기·수 성능 등
노후도	준공시점, 입주시점 등 실제 경과년수 및 잔존 내용년수	경과년수와 경제적 잔존 내용년수, 관리상태 등
공용시설	주민편의를 위한 커뮤니티 시설 유무	주차시설(폭, 주차대수 등), 집회실, 현관시설, 놀이시설, 노인정, 보안시설 등
규모 및 구성비	건물의 층수, 총 세대수, 각 평형별 구성비	전체 세대수, 관리비 수준과 공용의 부대시설 수준과 관계가 있음.
건물 용도	아파트, 주상복합용, 다세대 등 이용상태	주거전용비율 등
관리 체계	관리체계 및 관리현황	정기적인 전체건물의 유지보수 등의 체계

(4) 개별 요인

개별 요인이란 전유부분을 중심으로 한 구분소유건물 각 세대의 가치형성요인으로 가격을 세대별로 구체화시키는 요인을 말하는데 조건별로 세부항목을 나눌 수 있다.

표 2.3 구분소유건물의 개별 요인

구분	조건	세부항목
개별 요인	평형별 효용	수요자의 선호도
		방의 수와 배치, 구조 및 규모 등
	층별 효용	일조, 채광의 정도
		조망, 압박감 등
		소음의 영향
		엘리베이터, 계단을 이용한 접근성
		난방 및 단열
		프라이버시 및 외부인 침입가능성
		재해시 안전(화재, 추락)

구분	조건	세부항목
개별 요인	위치별 효용	일조, 채광의 정도
		조망, 압박감 등
		소음의 영향(특별한 경우)
		엘리베이터, 계단으로의 접근성
		난방 및 단열
		프라이버시 보호
	향별 효용	일조, 채광의 정도
	공공부분의 전용사용권 유무	주차장 등에 대한 전용사용권
	부지에 대한 지분면적	대지권의 종류 및 크기
	관리상태	배관, 내부 마감재 수선유지 상태

(5) 층별 · 향별 · 위치별 등 효용지수

① 효용지수의 개념

효용지수란 구획된 각 부분에 대한 상호간 효용도의 차이를 지수로 나타낸 것으로서 일반적으로 주거용은 주거의 쾌적성, 상업용은 수익성, 업무용은 능률성에 중점을 두고 산정하되 기준호수의 전용부분 단위면적당 효용도에 대한 각 부분의 효용도에 대한 비율로 표시되며 효용비를 말한다.

② 효용지수의 분류

㉠ 「평형(규모)별 효용지수」란 구분소유 건물의 규모에 따른 시세수준에 대응하여 파악되는 효용격차를 의미하며, 구분소유건물 중에서 기준이 되는 세대의 전용면적당 효용에 대한 각 평형의 효용비를 의미한다.

㉡ 「층별 효용지수」란 건물의 층별로 파악되는 효용격차이며, 구분소유건물 중에서 기준층 전용 부분의 단위면적당 효용에 대한 각 층 전용 부분의 효용비를 말한다.

항목	세부항목	유의사항
층별 효용	일조, 채광의 정도	• 전면 건물과의 관계에서 저층 일조가 불량한 경우가 있음. • 전면 건물 등의 영향 • 도로와의 관계 및 건물배치에 따른 소음 정도 상이 • SKIP FLOOR방식의 경우 엘리베이터 이용의 편리성 정도의 차이
	조망, 압박감 등	
	소음의 영향	
	엘리베이터, 계단을 이용한 접근성	
	난방 및 단열	
	프라이버시 및 외부인 침입가능성	
	재해시 안전(화재, 추락)	

㉢ 「향별 효용지수」란 구분소유건물의 향별 선호도를 기준 향을 대비하여 계량화한 지수로써 구분소유건물 중에서 기준향의 단위면적당 효용에 대한 각 향의 효용비를 의미한다.

㉣ 「위치별 효용지수」란 동일 층 내에서 전용 부분의 위치에 따라 효용의 차이가 있을 때 당해 층의 기준이 되는 전용 부분의 단위면적당 효용에 대한 각 위치별 전용 부분의 효용비를 말한다.

항목	세부항목	유의사항
위치별 효용	일조, 채광의 정도	주요 창호의 위치 • 내부설계의 선호도 및 시장성과 관련 • 엘리베이터 이용의 편리성
	조망, 압박감 등	
	방의 배치, 구조 및 규모 등	
	소음의 영향(특별한 경우)	
	엘리베이터, 계단으로의 접근성	
	난방 및 단열	
	프라이버시 보호	

㉤ 층별·위치별 효용지수의 구성요소 세부항목 가운데 일반적으로 일조량과 조망요인이 가장 큰 영향력으로 작용하고 있는데, 이는 일조량과 조망에 대한 선호도 증가가 가격형성에 큰 영향을 미치고 있기 때문으로 파악된다.

③ 위치별 효용지수

㉠ 일조(채광) : 일조권이란 태양광선을 차단당함으로써 받는 불이익을 제거시킬 수 있는 권리로 정의될 수 있는데 서구에서는 태양에 의한 광효과만을 보호하는 채광권(The Right of Light)의 형태로 나타나고 있고 일본과 우리나라에서는 광효과 뿐만 아니라 열효과, 압박감 등의 부수적인 효과를 포함하는 복합적인 내용의 권리로 인식되고 있다.

일조는 물리적·심리적으로 인간의 주거환경에 가장 큰 영향을 미치는 요소이며, 건축법에서 정하고 있는 인동간격은 실제로 적정한 일조시간의 확보를 기본적인 목적으로 하고 있다.

㉡ 조망, 압박감(개방감, 폐쇄감) : 조망은 각 세대 내부에서 외부의 좋은 경관이 바라보일 수 있도록 건물이 배치되었느냐와 앞 건물에 의해서 전면공간이 개방감이나 폐쇄감을 갖느냐에 따라 좌우된다. 실제로 부동산 시장의 거래에서는

특별한 조망요인이 없는 경우 조망과 압박감, 개방감은 성격상 유사한 관련을 가지고 취급되며 조망의 양부가 세대별 격차지수에 미치는 영향은 조망대상에 따라 차이가 있다.

ⓒ 접근성 : 접근성(주거지역)의 요소

- 긍정적 요인 : 대중교통시설과의 접근정도, 단지 내 및 인근상가와의 접근 정도, 공공 및 공익시설 등과의 접근 정도, 자연경관과의 접근 정도 등
- 부정적 요인 : 오수처리장, 분묘지, 폐기장, 쓰레기 적치장 등 각종 혐오시설과의 접근 정도 등

아파트 단지는 대중교통시설, 인근상가 공공 및 공익시설 등 긍정적 요인에 의해 가격이 형성되는 특징을 보이고 있다. 이는 부정적인 요인을 유발하는 시설이 주거지역의 쾌적성을 저해하는 요소로 작용하기 때문이다.

ⓔ 프라이버시 침해 등 : 프라이버시는 개개인의 주관적인 요소로서 주거조건의 하나로 반드시 지켜져야 할 기본적인 사항으로 아파트단지에서 고려할 수 있는 프라이버시의 유형은 다음과 같이 분류할 수 있다.

- 가정 내의 프라이버시
- 다른 사람들과의 접촉으로 일어나는 프라이버시
- 들여다보이는 것으로부터 일어나는 프라이버시

공동주택의 감정평가에서는 외부에서 전유부분 내부가 들여다보이는 것으로부터 일어나는 프라이버시를 가치에 반영한다.

만일 단위세대 내부 및 거주민의 얼굴을 인식할 수 있는 정도라면 상대적으로 프라이버시 침해가 있다고 볼 수 있고 실제로 가격하락의 한 요인이 된다.

ⓜ 소음 : 아파트단지 내에서 발생할 수 있는 소음원은 방음 성능에 따라 좌우되는 건축구조적인 문제와 인접도로 차량통행 및 단지 내 주출입구 인접세대의 소음 등 단지배치와 관련된 소음이라 할 수 있다.

외부에서 발생하는 소음으로는 인근 도로에서 발생하는 차량소음이 대표적으로 차량의 통행량보다 차량의 속도가 높을수록 소음이 많이 발생하는 특징을 가지고 있다. 일반적으로 쾌적성 및 선호도 등에서 소음이 없는 아파트가 가치면에서 우세하다.

ⓑ 공용면적 및 대지권 보정지수 : '공용면적 및 대지권 보정지수'란 전용면적 대비 공용면적의 비율, 그리고 전용면적 대비 대지지분 비율의 우열에 따라 파악되는 효용격차를 의미하며, 구분소유건물 중에서 대지지분 및 공용면적 비율의

기준이 되는 세대의 전용면적당 효용에 대한 각 세대의 효용비를 의미한다. 과거에는 전용비율이 높은 아파트를 선호했다면 현재는 전용비율이 낮아지더라도 복도와 계단이 넓어지고 엘리베이터도 장애인 휠체어 이용이 가능한 넓은 엘리베이터가 설치된 아파트가 선호도에서 우세함을 알 수 있다. 또한 동일한 유형의 아파트 중에서 동일한 규모의 면적이라면 대지권이 넓은 아파트가 보다 쾌적성에서 유리하므로 가치면에서 우세하다.

④ 효용지수 산정 시 유의사항

효용지수는 단지의 규모, 평형별 구성, 최고 층수, 용도 등 제반 물적 사항이 유사한 아파트 단지라 하더라도 당해 아파트의 위치, 향, 경과년수, 평형별 구성, 최고층수, 소음 등 제반 요인에 따라 그 가치형성이 달라진다. 따라서 대상 아파트의 효용지수를 구하는 경우에는 동일 아파트 단지 혹은 인근지역이나 동일수급권 내 유사지역 내에 소재하는 단지의 가격자료를 비교분석하여 종합적으로 판단하여야 한다.

1.8 아파트 감정평가에 유용한 3차원 컴퓨터 시뮬레이션기법

리모델링 후 아파트는 동일한 단지임에도 동별, 위치별, 층별, 향별로 입지조건이 다르기 때문에 개별 호수별 라인별로 가치가 다를 수밖에 없다. 따라서 리모델링 아파트 감정평가를 위해서는 컴퓨터 시뮬레이션 기법이 필요하다.

컴퓨터시뮬레이션 기법은 컴퓨터상에서 설계도면을 바탕으로 동별 건물의 높이와 폭, 동별 간격과 주변상황 등을 입력하며 그 결과로써 일반조망과 강, 공원, 숲 등 경관조망도를 계산해내고 호별, 층별 일조시간과 소음 및 프라이버시 침해도 등을 수치로 계산하여 이를 감정평가에 반영하는 기법을 말한다.

3차원 컴퓨터시뮬레이션 기법은 종전과 종후 아파트 모두 적용이 가능하며 리모델링 전후 차이를 효용지수에 정확하게 반영하여 세대별 호별로 공정한 조합원의 분담금확정이 가능하다.

1) 일조시간

일조시간은 동짓날을 기준으로 오전 8시부터 오후 4시까지 총 8시간(480분)을 기준하여 세대별 창을 통한 일조시간을 측정한다. 일조시간은 최단 0분에서 최장 480분까지 측정하되 창문별로 합산하여 효용도를 산정한다.

같은 평형의 아파트라고 하여도 향별 층별 라인별로 일조시간에 따라 수억 원씩 차이가 있는 것을 볼 때 아파트 감정평가의 중요한 평가요소 중 하나이다.

일조시간은 인근 건물과 인접동에 대하여 컴퓨터상에서 3차원 모델링을 통한 시뮬레이션(일조분석 전문프로그램 SolaVIEW Ver 2.0 : 특허 제0107871호 '건물의 일조, 일사해석 장치 및 그 방법')을 실시하되 일조 시간 분석은 시간 흐름에 따른 태양의 고도 및 방위의 변화에 의하여 각 건물 채광창에 미치는 그림자 면적을 계산하고, 이를 수치화하는 것으로 동짓지날을 기준으로 08 : 00부터 16 : 00까지 15분 간격으로 창에 직접 비치는 일조의 면적을 분석한다.

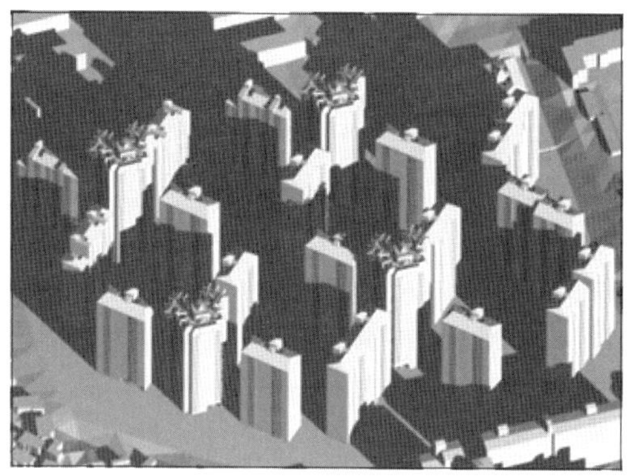

2) 일반조망과 경관조망

5층 이하 저층아파트는 조망이나 경관의 차이가 미미하지만 중고층 아파트는 위층으로 올라갈수록 일반조망과 경관조망이 우수하여 높은 가격수준을 형성한다. 이때 일반조망은 주로 천공을 의미하게 되는데 하늘을 통한 개방감이 좋을수록 높은 점수를 주게 되며 경관조망은 주변의 공원이나 하천, 강 등 특별한 경관이 있는 경우 현실 거래가격수준에서 많은 차이를 보이고 있으므로 한강 조망 같은 특수한 경관조망은 가중치를 부여하여 계산한다.

부동산의 가격에 큰 영향을 주는 조망은 서울의 경우 한강변 조망권이 대표적이라 할 수 있으며, 그와 더불어 자연 및 인공공원, 산, 호수 등이 인접하고 있는 경우 부동산 가격은 조망권이라는 요소에 의하여 그 가치가 크게 좌우된다.

조망분석은 분석 대상 세대의 창을 통해 외부를 정면으로 바라볼 때 중심시야 범위에 일부 주변시야 범위를 포함한 80° 를 분석 범위로 선정하여 조망환경 요소별 비율을 정량화, 수치화하는 정밀한 공학적 분석을 수행한다.

공동주택의 경우 외부조망이 잘 이뤄지고, 실내 활동비율이 높은 거실을 대상으로 하며, 표준 성인이 소파에 앉았을 경우 일반적인 눈높이, 즉 "거실바닥에서 약 1.3m 지점"과 거실 좌우 중앙지점을 기준으로 거실창을 정면으로 바라보았을 때 보이는 외부 경관을 대상으로 분석한다.

또한 창을 통하여 보이는 외부의 전체 조망을 100%로 보았을 때 하늘, 대지, 녹지, 단지 안 건물, 단지 밖 주변건물 등이 차지하는 비율로 수치화할 수 있다.

3) 사생활 침해

사생활 침해도는 주로 밖에서 안으로 들여다보이는 정도를 말하는데, 아래층으로 갈수록 침해도가 높고 위층으로 갈수록 침해도가 낮아진다. 또한 판상형아파트에서는 동 간격이 멀수록 침해도가 낮으나 탑상형 아파트는 "Y"자 형태일 경우 고층이라 해도 마주보는 주택간 프라이버시 침해가 나타날 수 있다.

PRIVACY 개념은 개인의 사생활 보호 정도를 말하는 것으로서 그 유형으로는 ㉠ 가정 내의 PRIVACY, ㉡ 다른 사람들과의 접촉으로 일어나는 PRIVACY, ㉢ 방음 미비로 인한 세대 내부의 소리와 외부로 전달되는 PRIVACY, ㉣ 외부로부터 들여다보이는 PRIVACY 등이 있는데, 여기에서의 주요 조사대상인 PRIVACY는 ㉣의 외부로부터 들여다보이는 PRIVACY침해이며, 개별 세대에서 거실 부분이 위치하는 발코니 부분의 PRIVACY 침해가 주 관심대상이다.

공동주택의 경우는 주로 실내 활동비율이 높은 거실을 대상으로 하며, 성인이 소파에 앉았을 경우 눈높이인 "거실바닥에서 약 1.3m 지점"과 거실 좌우 중앙지점을 기준으로 거실창을 정면으로 바라보았을 때 보이는 신축 건물의 개구부, 인접 건물의 개구부, 대지 등을 대상으로 분석한다.

4) 소음

산업 발달과 국민소득 증대에 따른 자동차 보급률 증가 및 물동량 급증은 도로망 확대와 고속화를 유발함으로써 최근 교통소음에 대한 불만족이 날로 증가하고 있다.

도로변 인구밀집지역에서 발생하는 생활환경 소음의 주된 원인인 교통소음은 하루 종일 불규칙적으로 계속 발생하기 때문에 환경을 해치는 중요한 변수로 대두되고 있으며, 아파트에서 세대별 가치에 영향을 미치는 소음은 단지 내에서 발생하는 소음과 단지외부에서 발생하는 소음이 있고 소음은 차음성능 및 단지의 배치에 따라 그 영향 정도가 많은 부분 좌우된다.

감정평가시에는 생활환경소음 중 교통소음을 다루며, 분석프로그램으로는 MITHRA 프로그램(ROAD MODULE)을 이용하고 있다.

분석방법은 평가대상 세대에서 소음에 영향을 줄 수 있는 단지 내 건물과 인근의 지형지물 및 도로를 모델링하고 도로의 교통 현황을 파악하여 각 도로별로 소음 인자를 입력하게 되는데, 교통소음 인자로는 차량의 종류, 속도, 흐름 정도, 통행량 등이 있다.

이러한 요소값들을 입력하고 분석 대상 세대별 소음인식 Receiver들을 설치하여 공동주택의 각 세대에 대한 평균 소음을 측정한다.

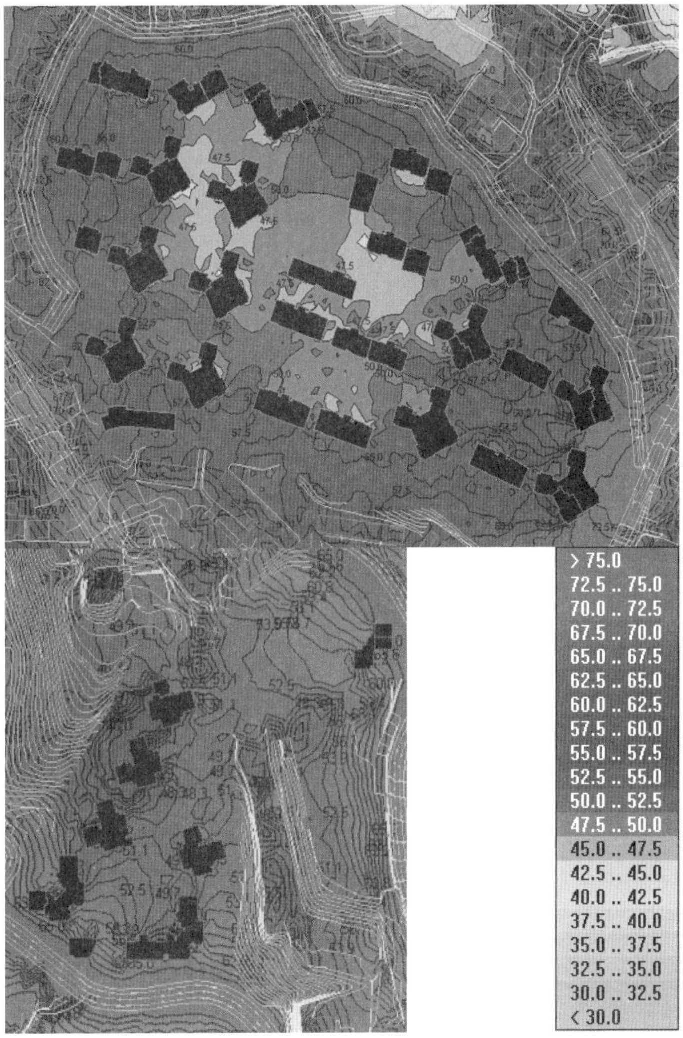

1.9 리모델링 전후 아파트 감정평가의 구체적 적용

서울특별시 도시 및 주거환경정비조례 제34조(관리처분계획의 수립기준)에서 종전 토지의 소유면적은 관리처분계획 기준일 현재 소유토지별 지적공부에 따른다. 다만 1필지의 토지를 여러 명이 공유로 소유하고 있는 경우에는 부동산등기부의 지분비율을 기준으로 한다. 종전건축물의 소유면적은 관리처분계획 기준일 현재 소유건축물별 건축물대장을 기준으로 하되 법령에 위반하여 건축된 부분의 면적은 제외한다. 다만, 정관 등이 따로 정하는 경우에는 재산세과세대장 또는 측량성과를 기준으로 할 수 있다고 규정하였다.

1) 조합원 분담금 산정에서 원가방식의 검토

리모델링 후 종후자산 감정평가는 거래사례비교법으로 구한 리모델링 전 종전자산 감정가액에 사업시행자(조합)가 제시한 원가(대지비 건축비 및 그밖에 사업시행에 소요된 제반비용)를 더하여 감정가액을 결정하되 2개 이상 감정평가법인 등이 감정평가한 감정평가액을 산술평균한 금액으로 산정한다.

조합원의 종전자산(대지와 건물) 평가금액은 대지비로서 종후 분양원가에 포함되고 시공사와 공사비협상이 종료되어 공사비가 결정되면 공사에 따른 사업비, 이주비의 금융비용과 각종 부대공사비까지 모두 공사원가에 포함되며 이렇게 결정된 총비용은 종전자산 평가금액과 합산하여 종후 감정평가금액이 된다.

이를 수식으로 표현하면 "종후분양가 총액 = 종전자산평가총액 + 공사비와 사업비"로 나타낼 수 있다.

이때 일반분양으로 인한 추가수입이 있는 경우 공사비와 사업비 등 총비용에서 일반분양 수입을 차감하여 조합원의 종후 분양가를 낮추는 효과를 볼 수 있다.

이를 수식으로 표현하면 "종후분양가 총액 = 종전자산평가총액 + 공사비와 사업비 - 일반분양추가수입"로 나타낼 수 있다.

2) 리모델링 사업비 원가에 포함할 항목 예시

① 공사비 - 계약면적에 공사비 단가를 곱하여 산정한다. 발코니확장비용, 빌트인, 기타 서비스 품목, 지하주차장 면적 등에 따라 단가가 달라진다.

② 설계비 - 턴키방식과 별도 분리발주 방법이 있으며 보다 나은 평면구성을 위해 설계와 시공을 분리발주하는 경향이 있으나 공사비와 연계해서 판단해야 한다.

③ 감리비 - 사업비중 많은 부분을 차지하지만 조합의 업체 선택권 유무에 따라 업무효율성이 차별화 된다.

④ 철거비 - 공사비에 포함하여 일괄계약하나 예상치 못한 폐기물이 발견되면 비용이 증가하기도 한다. 전면 철거방식과 차이로 시간과 비용이 증가하여 전체 일정에 많은 영향을 미친다.

⑤ 조합운영비 - 전문가적 소양을 갖춘 최소인원과 효율적인 사업기간으로 비용을 최소화해야 한다.

⑥ 금융비 - 매도청구와 현금청산, 이주비, 사업비 등 대여금에 대한 금융비용 등은

현금청산자 수와 이자율에 따라 변동성이 크다.

⑦ 협력업체 수수료 - 법무, 세무회계, 감정평가, 정비사업 전문관리 등

⑧ 각종 분담금 - 인입시설(전기, 상하수도, 가스, 지역난방 등)

⑨ 각종 조사와 평가비 - 환경영향, 교통영향, 지질조사, 측량, 안전진단, 안전성검사 등

⑩ 기타 폐기물처리비, 재산세, 종합부동산세, 법인세(사업소득세), 광고선전비, 분양대행수수료, 민원처리비, 예비비 등이 있다.

3) 조합원분양가와 일반분양가 관계

종후감정평가는 분양계약 이전에 이루어지므로 일반분양 대상 호수가 지정되기 전이어서 전체세대를 조합원 분양가로 감정평가 하게되며 조합원분양계약이 끝나면 일반분양가는 조합원 분양가와 인근 아파트시세 등을 고려하여 조합에서 자율적으로 결정하거나 분양가상한제 규제지역은 지자체분양가 심의위원회의 심사로 결정된다. 이때 일반분양가를 높게 책정하면 그로 인해 증가하는 수익금액 만큼 조합원분양가가 낮아질 수 있으므로 조합원들은 조합원분양가와 일반분양가가 많은 차이가 있기를 바란다.

위의 수식에서 보듯이 종후분양가는 공사비 등 총비용이 동일하다면 종전자산평가금액이 작아지면 같이 작아지고 조합원의 종전자산 평가금액이 높아지면 조합원의 종후 분양가도 비례하여 높아지는 구조이다. 그렇기 때문에 종전자산평가금액을 결정할 때는 역산으로 분양가능한 일반분양가를 먼저 결정하고 일반분양 수입으로 인한 수익금을 조합원분양가에서 공제하여 조합원 분양가를 결정한 다음 공사비 등 총비용을 공제하여 종전자산 총액의 적정성을 검토할 수 있다.

따라서 조합원의 종전자산 평가금액은 종후평가금액과 연동되어 종전자산이 높게 평가되면 현금청산 평가금액도 높아져 각종 제비용도 증가하고 그로 인해 종후 분양가가 높아져 조합원분양가와 일반분양가 차이가 발생하지 않을 수 있으며 오히려 일반분양을 할인분양하게 되면 조합원분양가보다 일반분양가가 더 저렴해져 분양가 역전현상이 발생할 수 있음에 유의해야 한다.

이와 같은 조합원분양가와 일반분양가 역전현상과 사업시행으로 인해 발생할 수 있는 제비용을 절감하기 위해서는 종전자산 감정평가와 종후분양가 감정평가가 동시에 이루어지는 것이 바람직하고 가급적 보수적인 예산편성과 사업비 절감을 통해 입주시 추가비용이 발생하지 않도록 해야 할 것이며 감정평가 시에는 아파트 선호도 차이에 의한 조합원 분양가 차별화를 통해 조합원간 공정한 분담금 납부가 가능하도록 하는 것이 분쟁 없이 성공적인 리모델링사업을 할 수 있는 첩경이라 할 수 있다.

2. 아파트 리모델링 사례 분석

2.1 리모델링 사업승인 도서(00단지 아파트)

■ 설계개요

<table>
<tr><th colspan="2" rowspan="2">구분</th><th colspan="3">내 용</th></tr>
<tr><th>리모델링 전</th><th>리모델링 후</th><th>증감</th></tr>
<tr><td colspan="2">사업명</td><td colspan="2">분당 정자동 느티마을 3단지 리모델링 공사</td><td></td></tr>
<tr><td colspan="2">대지위치</td><td colspan="2">경기도 성남시 분당구 정자동 88번지</td><td></td></tr>
<tr><td colspan="2">지역지구</td><td colspan="2">제3종 일반주거지역, 제1종지구단위계획구역, 비행안전
제2구역. 상대/절대정화구역</td><td></td></tr>
<tr><td colspan="2">용도</td><td colspan="2">공동주택 및 부대복리시설</td><td></td></tr>
<tr><td colspan="2">대지면적</td><td>37,644.60㎡ (11,387.49평)</td><td>37,644.60㎡ (11,387.49평)</td><td></td></tr>
<tr><td colspan="2">건축면적</td><td>5,654.22㎡ (1,710.40평)</td><td>11,607.40㎡ (3,511.24평)</td><td>▲ 5,953.18㎡</td></tr>
<tr><td colspan="2">건폐율</td><td>15.02%</td><td>30.83%</td><td>▲ 15.81%</td></tr>
<tr><td rowspan="6">연
면
적</td><td rowspan="2">지상층</td><td rowspan="2">67,200.42㎡ (20,328.13평)</td><td>98,255.09㎡ (29,722.16평)</td><td>▲ 31,054.67㎡</td></tr>
<tr><td>100,496.66㎡ (30,400.24평)</td><td>유치원, 상가 면적 포함
(리모델링 제외)</td></tr>
<tr><td rowspan="2">지하층</td><td rowspan="2">8,882.49㎡ (2,686.95평)</td><td>65,735.91㎡ (19,885.11평)</td><td>▲ 56,853.42㎡</td></tr>
<tr><td>66,400.64㎡ (20,086.19평)</td><td>유치원, 상가 면적 포함
(리모델링 제외)</td></tr>
<tr><td rowspan="2">합계</td><td rowspan="2">76,082.91㎡ (23,015.06평)</td><td>163,991.00㎡ (49,607.28평)</td><td>▲ 87,908.09㎡</td></tr>
<tr><td>166,897.30㎡ (50,486.43평)</td><td>유치원, 상가 면적 포함
(리모델링 제외)</td></tr>
<tr><td colspan="2">용적률
산정면적</td><td>67,200.42㎡ (20,328.13평)</td><td>100,496.66㎡ (30,400.24평)</td><td>▲ 33,296.24㎡</td></tr>
<tr><td colspan="2">용적률</td><td>178.51%</td><td>266.96%</td><td>▲ 88.45%</td></tr>
<tr><td colspan="2">건물규모</td><td>지상 10층, 15층, 20층, 25층/
지하 1층</td><td>지상 11~28층/지하 3층</td><td></td></tr>
<tr><td colspan="2">도로현황</td><td colspan="2">20M 도로(서), 20M 도로(북), 15M 보행자도로(동)</td><td></td></tr>
<tr><td colspan="2">건물구조</td><td>철근콘크리트 벽식+라멘조</td><td>철근콘크리트 벽식+라멘조</td><td></td></tr>
<tr><td colspan="2">난방방식</td><td>지역난방</td><td>지역난방</td><td></td></tr>
<tr><td colspan="2">세대수</td><td>770세대</td><td>873세대</td><td>▲ 103세대</td></tr>
<tr><td rowspan="2">주차
대수</td><td>법정</td><td>396대</td><td>641대</td><td>▲ 245대</td></tr>
<tr><td>계획</td><td>484대(0.63대/세대)</td><td>1,501대(1.70대/세대)</td><td>▲ 1,017대</td></tr>
<tr><td colspan="2">비고</td><td colspan="3">• 유치원 및 상가(리모델링 제외) : 건폐율, 용적률, 산정 포함
• 상가 주차대수 : 7대
• 유치원 주차대수 : 10대</td></tr>
</table>

■ 부대복리시설

구분			법적기준 내용	법적기준 법정면적	리모델링 전	리모델링 후	증감	비고
부대시설	관리사무실		50세대 이상 시 10㎡ + 0.05㎡ (x−50세대)/세대	51.15㎡	136.97㎡	225.52㎡	+ 88.55㎡	
부대시설	경비실					51.00㎡	+ 51.00㎡	
부대시설	방재센터 /MDF실				39.87㎡	141.23㎡	+ 101.36㎡	
부대시설	기계실 등				324.64㎡	2,828.83㎡	+ 2,504.19㎡	
부대시설	지하주차장				3,921.68㎡	58,943.21㎡	+ 55,021.53㎡	
복리시설	주민공동시설	총량	세대당 2.5㎡를 더한 면적	2,182.50㎡	1,430.75㎡	5,185.86㎡	+ 3,755.11㎡	
복리시설	주민공동시설	경로당	50㎡ + 세대당 0.1㎡를 더한 면적	137.30㎡	230.79㎡	217.92㎡	+ 12.87㎡	성남시 주택조례 제4조(주민공동시설별 세부면적 기준) 2018. 04
복리시설	주민공동시설	어린이집	30명에 세대당 0.05명 인원 면적(4.29㎡/인)	315.96㎡		353.97㎡	+ 353.97㎡	
복리시설	주민공동시설	어린이놀이터	200㎡ + 세대당 1.0㎡를 더한 면적	1,073.00㎡	969.35㎡	1,079.90㎡	+ 110.55㎡	
복리시설	주민공동시설	작은 도서관	100㎡ 이상	100.00㎡		155.75㎡	+ 155.75㎡	
복리시설	주민공동시설	주민운동시설 (실외)	300㎡ + 500세대를 넘는 200세대마다 150㎡를 더한 면적	479.75㎡				
복리시설	주민공동시설	주민운동시설 (실내)	200㎡ + 500세대를 넘는 200세대마다 50㎡를 더한 면적	293.25㎡		700.95㎡	+ 700.95㎡	
복리시설	주민공동시설	독서실			97.45㎡	207.89㎡	+ 110.44㎡	
복리시설	주민공동시설	기타			133.16㎡	2,469.47㎡	+ 2,336.31㎡	
복리시설	주민공동시설							
복리시설	주민공동시설							
복리시설	주민공동시설							
복리시설	주민공동시설							
복리시설	유치원		2,000세대 이상 설치		1,946.00㎡	㎡	㎡	리모델링 제외
복리시설	근린생활시설 (상가)		지상		683.29㎡	㎡	㎡	리모델링 제외
복리시설	근린생활시설 (상가)		지하		277.01㎡	㎡	㎡	
특례			⑪ 법 제2조제15호다목에 따른 리모델링을 하는 경우에는 다음 각 호에 따른다. 2. 사업계획승인권자가 리모델링 후의 주민공동시설이 리모델링의 대상이 되는 주택의 사용검사 당시의 주민공동시설에 상응하거나 그 수준을 상회하는 규모와 기능을 갖추었다고 인정하는 경우에는 제55조의2를 적용하지 아니한다.					주택건설기준 등에 관한 규정 제7조(적용의 특례)

■ 분양면적표

구분			단위	세대수	전용면적	주거공용	공급면적	기타공용	지하주차장	계약면적	비고
조합	리모델링 전		㎡ (평)	358	58.71 (17.76)	22.15 (6.70)	80.86 (24.46)	5.29 (160)	4.73 (143)	90.88 (27.49)	
	58A	74 A1 리모델링 후	㎡ (평)	140	74.45 (22.52)	29.08 (8.80)	103.53 (31.32)	11.61 (3.51)	64.61 (19.54)	179.75 (54.38)	전용면적 증가비율 26.81%
		74 A2 리모델링 후	㎡ (평)	160	74.69 (22.59)	29.18 (8.83)	103.87 (31.47)	11.65 (3.52)	64.82 (19.61)	180.33 (54.55)	전용면적 증가비율 27.22%
		74 A2-1 리모델링 후	㎡ (평)	20	74.64 (22.58)	29.16 (8.82)	103.80 (31.40)	11.64 (3.52)	64.77 (19.59)	180.21 (54.51)	전용면적 증가비율 27.13%
		74 A3 리모델링 후	㎡ (평)	20	74.54 (22.55)	29.12 (8.81)	103.66 (31.36)	11.63 (3.52)	64.69 (19.57)	179.97 (54.44)	전용면적 증가비율 26.96%
		74 A5 리모델링 후	㎡ (평)	14	74.60 (22.57)	29.14 (8.81)	103.74 (31.38)	11.64 (3.52)	64.74 (19.58)	180.12 (54.48)	전용면적 증가비율 26.07%
	66/67	66 리모델링 전	㎡ (평)	202	66.60 (20.15)	18.59 (5.62)	85.19 (25.77)	6.01 (1.82)	5.37 (1.62)	96.57 (29.21)	
		67 리모델링 전	㎡ (평)	210	67.43 (20.40)	18.82 (5.69)	86.25 (26.09)	6.08 (1.84)	5.44 (1.65)	97.77 (29.58)	
		66 A1 리모델링 후	㎡ (평)	33	66.81 (20.21)	26.10 (7.89)	92.21 (28.10)	10.42 (3.15)	57.98 (17.54)	161.31 (48.80)	전용면적 증가비율 0.32%
		84 A1 리모델링 후	㎡ (평)	80	84.54 (25.57)	33.02 (9.99)	117.56 (35.56)	13.19 (3.99)	73.36 (22.19)	204.11 (61.74)	전용면적 증가비율 25.37%
		84 A1-1 리모델링 후	㎡ (평)	10	84.74 (25.63)	33.10 (10.01)	117.84 (35.65)	13.22 (1.00)	73.54 (22.25)	204.60 (61.89)	전용면적 증가비율 25.67%
		84 A1-2 리모델링 후	㎡ (평)	10	84.65 (25.61)	33.07 (1.00)	117.72 (35.61)	13.20 (3.99)	73.46 (22.22)	204.38 (61.83)	전용면적 증가비율 25.54%
		84 A1-5 리모델링 후	㎡ (평)	10	84.82 (25.66)	33.13 (10.02)	117.95 (35.68)	13.23 (4.00)	73.61 (22.27)	204.79 (61.95)	전용면적 증가비율 25.79%
		84 A1-7 리모델링 후	㎡ (평)	60	84.55 (25.58)	33.03 (9.99)	117.58 (35.57)	13.19 (3.99)	73.37 (22.20)	204.14 (61.75)	전용면적 증가비율 25.39%
		84 A2 리모델링 후	㎡ (평)	105	84.53 (25.57)	33.02 (9.00)	117.55 (35.56)	13.19 (3.99)	73.36 (22.19)	204.09 (61.74)	전용면적 증가비율 25.36%
		84 A4-1 리모델링 후	㎡ (평)	13	84.73 (25.63)	33.10 (10.01)	117.83 (35.64)	13.22 (4.00)	73.53 (22.24)	204.57 (61.88)	전용면적 증가비율 25.66%
	수평/별동	84 A4-2 리모델링 후	㎡ (평)	27	84.77 (25.64)	33.11 (10.02)	117.88 (35.66)	13.22 (4.00)	73.56 (22.25)	204.67 (61.91)	전용면적 증가비율 25.72%
		84 A6 리모델링 후	㎡ (평)	34	84.49 (25.56)	33.00 (9.98)	117.49 (35.54)	13.18 (3.99)	73.32 (22.18)	203.99 (61.71)	전용면적 증가비율 25.30%
		84 A6-2 리모델링 후	㎡ (평)	14	84.60 (25.59)	33.05 (10.00)	117.65 (35.59)	13.20 (3.99)	73.42 (22.21)	204.26 (61.79)	전용면적 증가비율 25.46%
		84 C2 리모델링 후	㎡ (평)	20	84.39 (25.53)	32.96 (9.97)	117.35 (35.50)	13.16 (3.98)	73.23 (22.15)	203.75 (61.64)	전용면적 증가비율 25.15%
계		리모델링 전	㎡ (평)	770	48,631.68 (14,711.08)	15,637.08 (4,730.22)	64,268.76 (19,441.30)	4,384.64 (1,326.35)	3,920.48 (1,185.95)	72,573.88 (21,953.60)	
		리모델링 후	㎡ (평)	770	60,995.22 (18,451.05)	23,825.78 (7,207.30)	84,821.00 (25,658.35)	9,514.37 (2,878.10)	52,932.38 (16,012.04)	147,267.75 (44,548.49)	전용면적 증가비율 25.42%
분양	66 A1		㎡ (평)	72	66.81 (20.21)	26.10 (7.89)	92.91 (28.10)	10.42 (3.15)	57.98 (17.54)	161.31 (48.80)	
	66 A1-1		㎡ (평)	25	66.74 (20.19)	26.07 (7.89)	92.81 (28.07)	10.41 (3.15)	57.92 (17.52)	161.14 (48.74)	
	74 A5		㎡ (평)	6	74.60 (22.57)	29.14 (8.81)	103.74 (31.38)	11.64 (3.52)	64.74 (19.58)	180.12 (54.48)	
계		리모델링 후	㎡ (평)	103	6,926.42 (2,095.24)	2,702.58 (818.44)	9,632.00 (2,913.68)	1,080.42 (326.83)	6,010.83 (1,818.28)	16,723.25 (5,058.78)	전용면적 증가비율 14.24%
합계		리모델링 전	㎡ (평)	770	48,631.68 (14,711.08)	15,637.08 (4,730.22)	64,268.76 (19,441.30)	4,384.64 (1,326.35)	3,920.48 (1,185.95)	72,573.88 (21,953.60)	
		리모델링 후	㎡ (평)	873	67,921.64 (20,546.30)	26,531.36 (8,025.74)	94,453.00 (28,572.03)	10,594.79 (3,204.92)	58,943.21 (17,830.32)	163,991.00 (49,607.28)	전용면적 증가비율 39.67%

*위의 면적은 인허가 및 실시설계시 변경될 수 있음

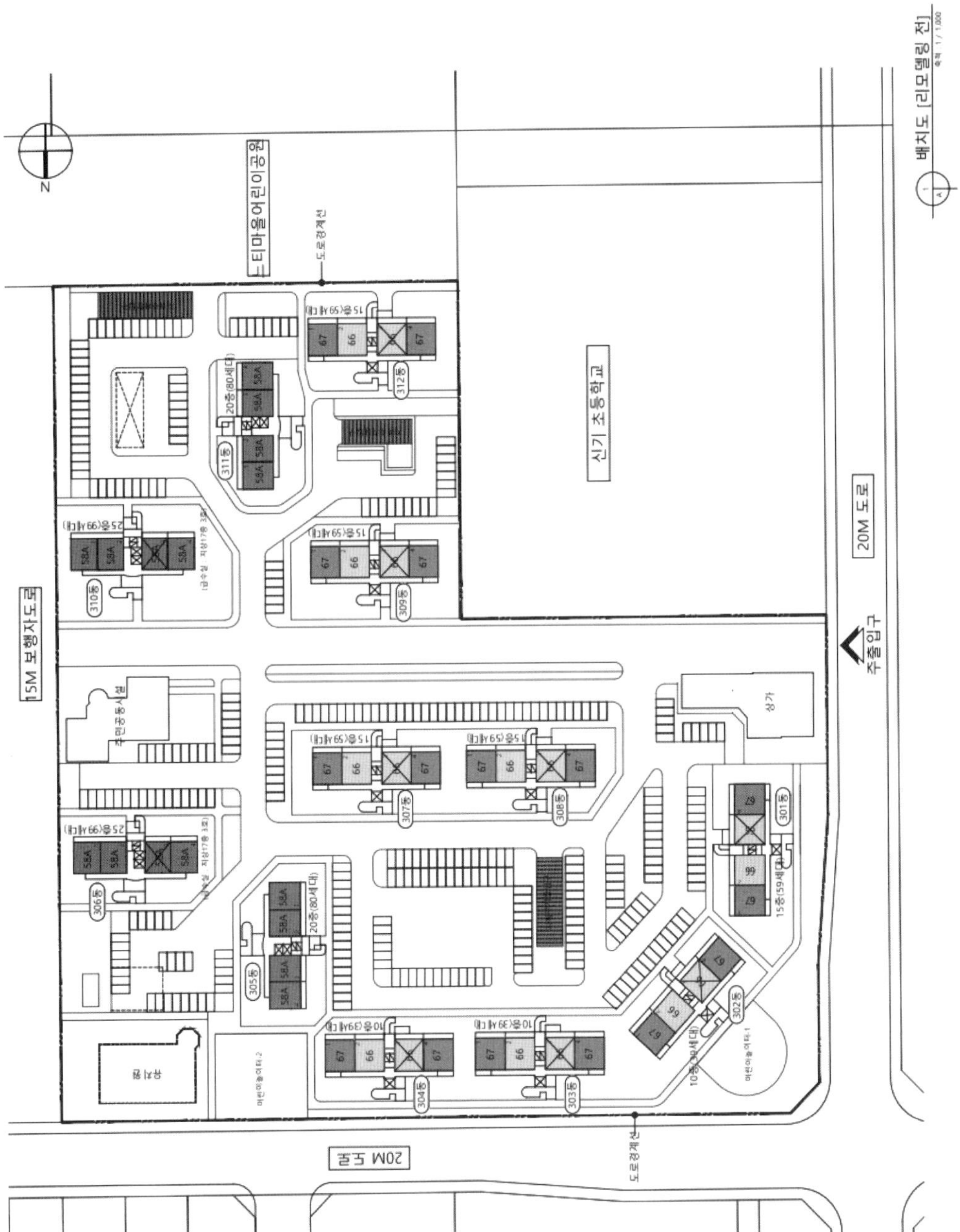
배치도 [리모델링 전]
티마을어린이공원
신기 초등학교
20M 도로
주출입구
15M 보행자도로
주민공동시설
상가
도로경계선
311동
312동
309동
310동
307동
308동
301동
306동
305동
302동
304동
303동

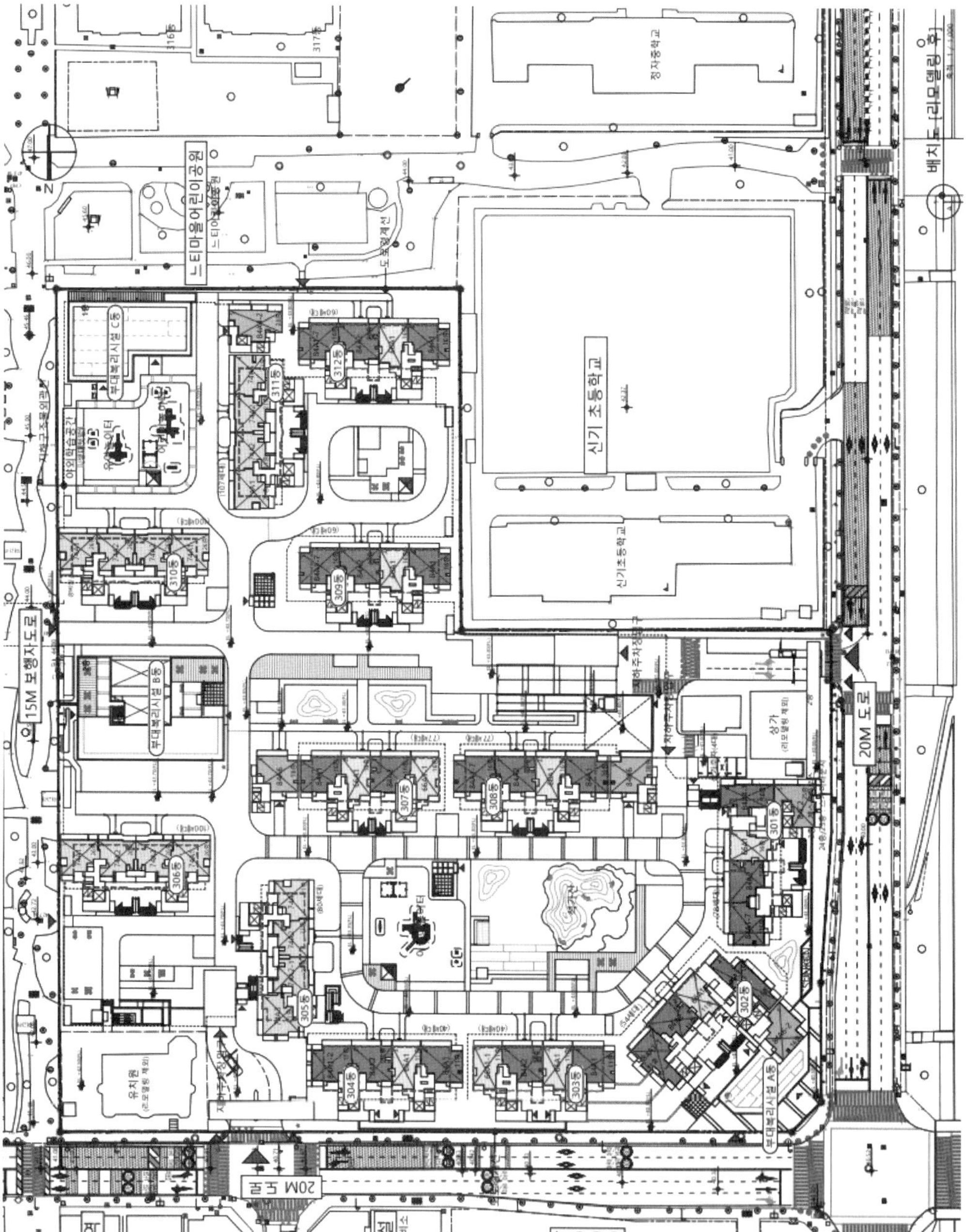
배치도 [리모델링 후]
신기 초등학교
신기초등학교
정자중학교
느티마을어린이공원
15M 보행자도로
20M 도로
20M 도로
상가
유치원
부대복리시설 A동
부대복리시설 B동
부대복리시설 C동

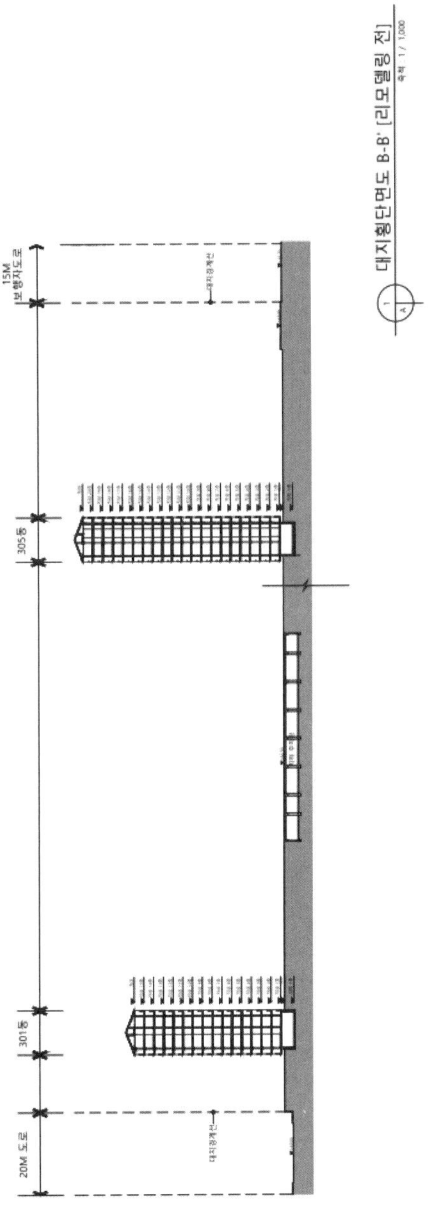
대지횡단면도 B-B' [리모델링 전]
축척 1 / 1,000
15M 보행자도로
305동
301동
20M 도로
대지경계선

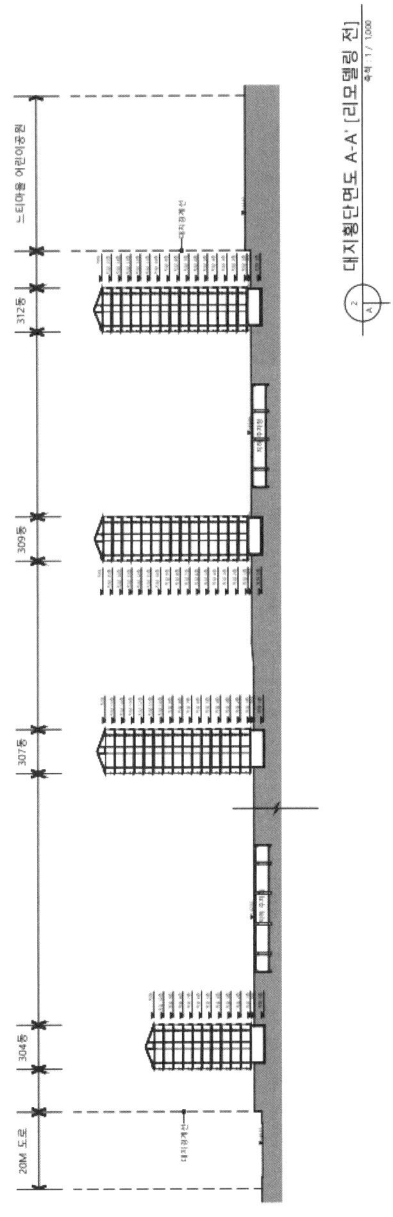
대지횡단면도 A-A' [리모델링 전]
축척 1 / 1,000
느티마을 어린이공원
312동
309동
307동
304동
20M 도로
대지경계선

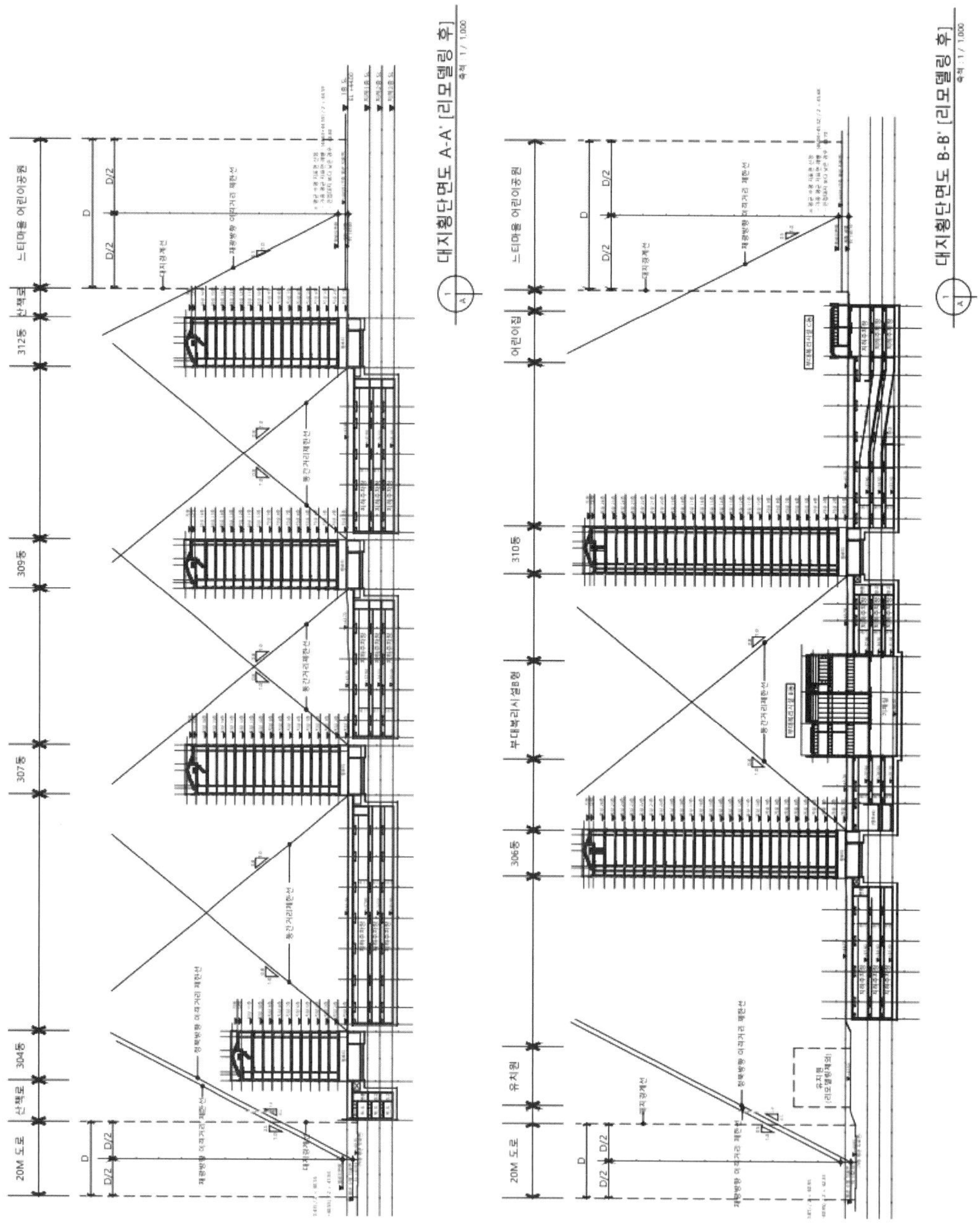
대지횡단면도 A-A' [리모델링 후]
축척 1 / 1,000
20M 도로
산책로
304동
307동
309동
312동
산책로
느티마을 어린이공원
동간거리제한선
대지경계선
D
D/2
대지횡단면도 B-B' [리모델링 후]
축척 1 / 1,000
20M 도로
유치원
306동
부대복리시설B동
310동
어린이집
느티마을 어린이공원
동간거리제한선
대지경계선

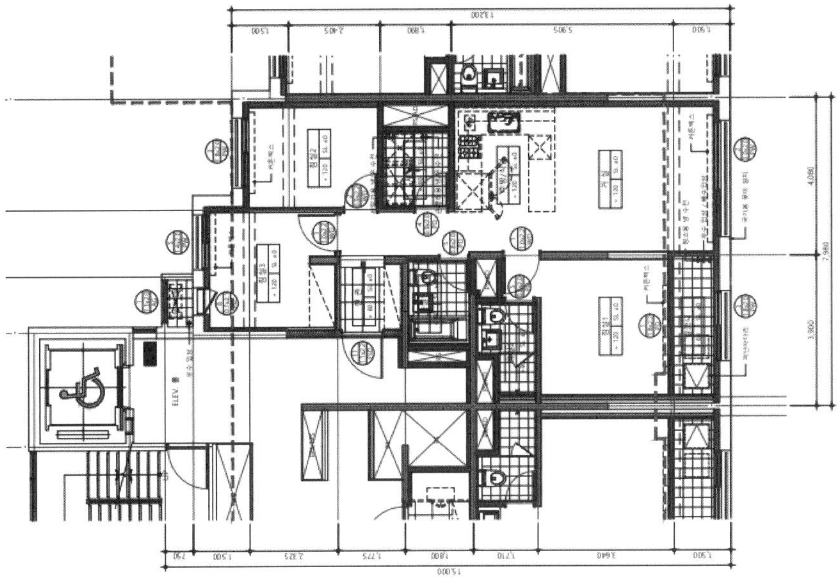

66 A1 단위세대 평면도 [리모델링 후]

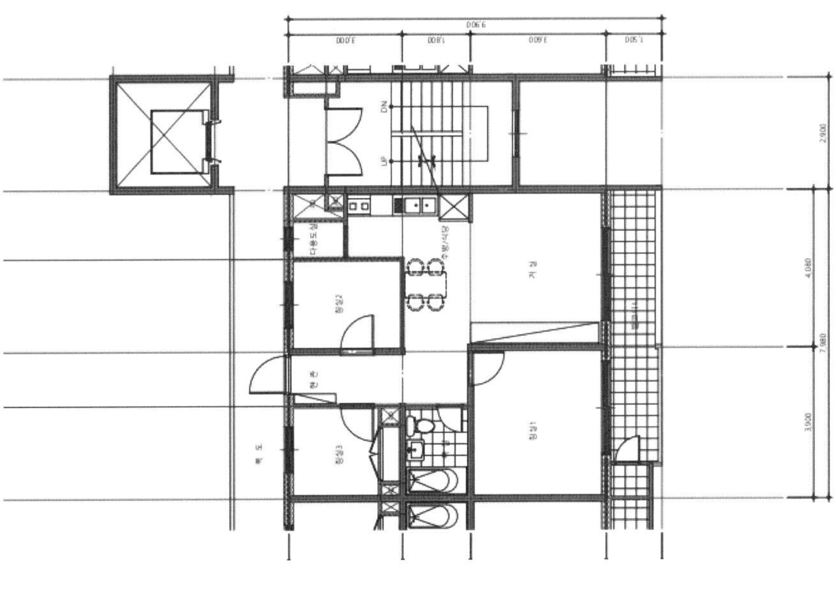

66 A1 단위세대 평면도 [리모델링 전]

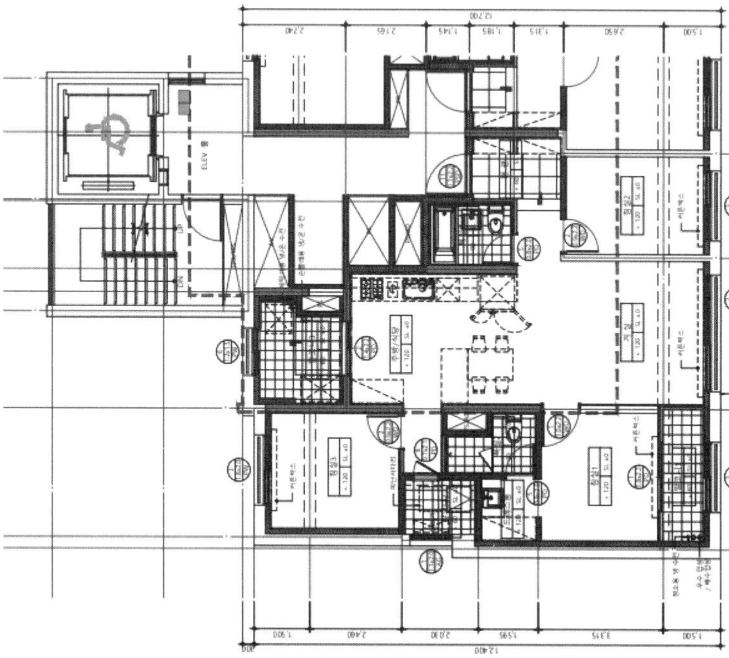

74 A1 단위세대 평면도 [리모델링 후]

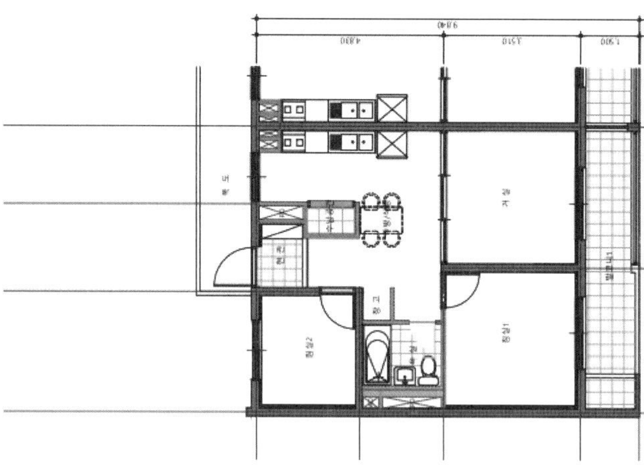

74 A1 단위세대 평면도 [리모델링 전]

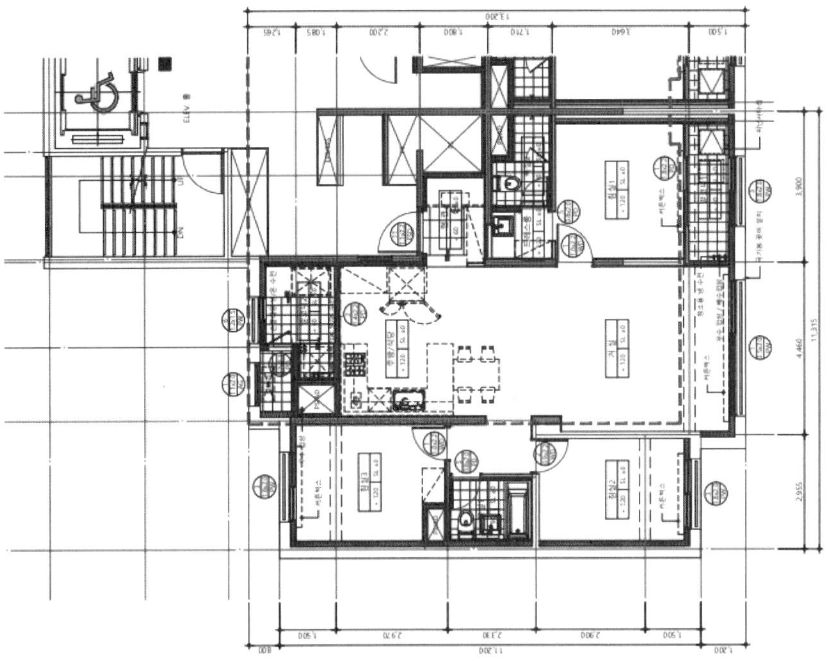

84 A1 단위세대 평면도 [리모델링 후]
축척 1/100

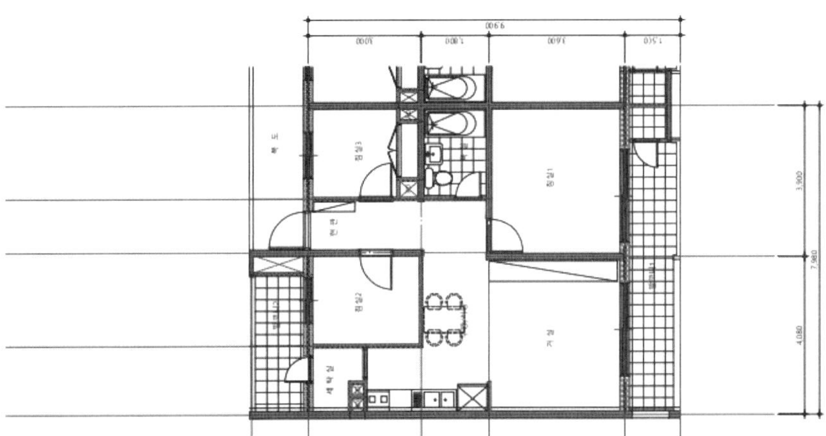

84 A1 단위세대 평면도 [리모델링 전]
축척 1/100

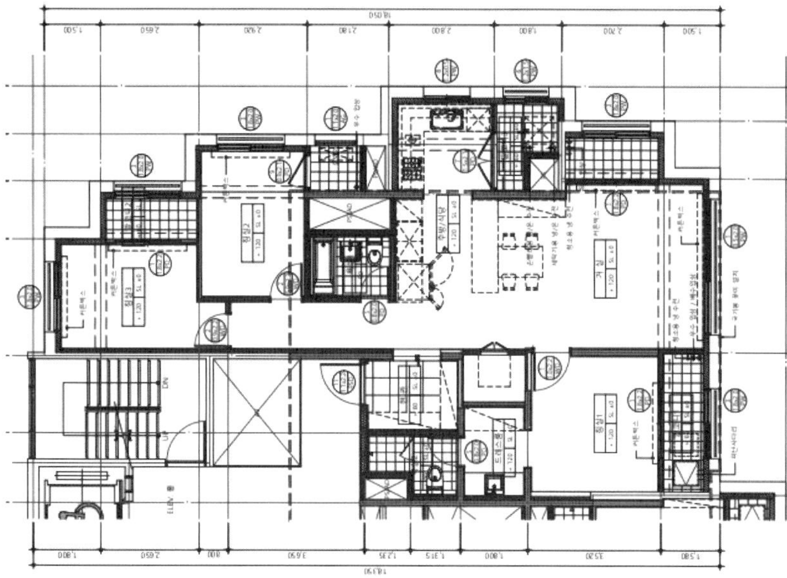

84 A1-1 단위세대 평면도 [리모델링 후]
축척 1/100

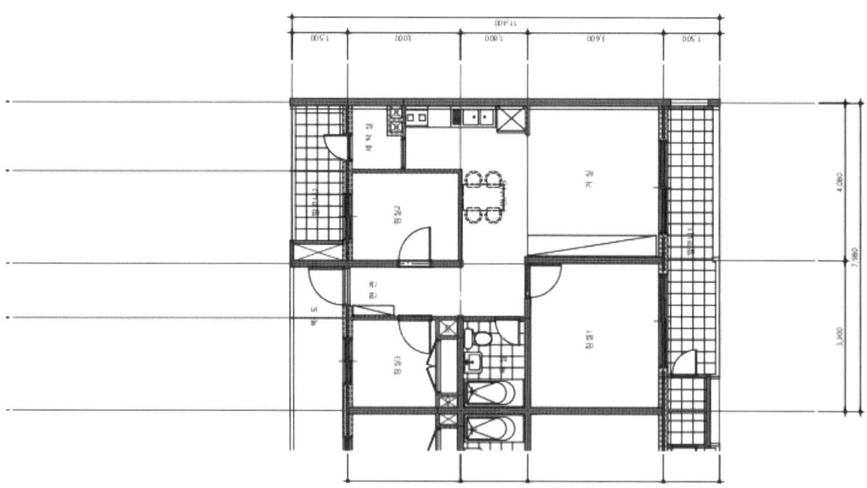

84 A1-1 단위세대 평면도 [리모델링 전]
축척 1/100

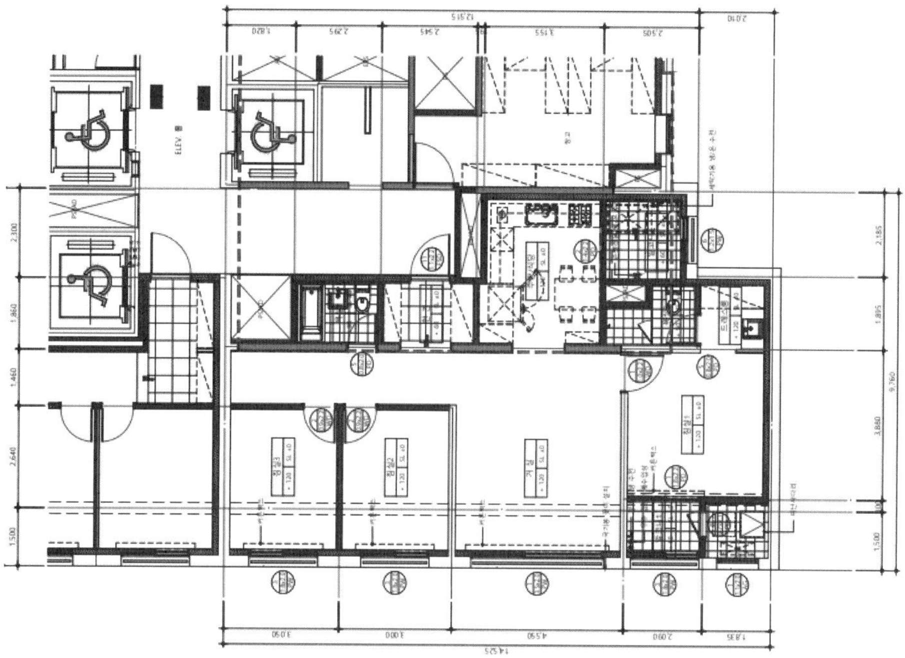

84 A4-1 단위세대 평면도 [리모델링 후]
축척 1 / 100

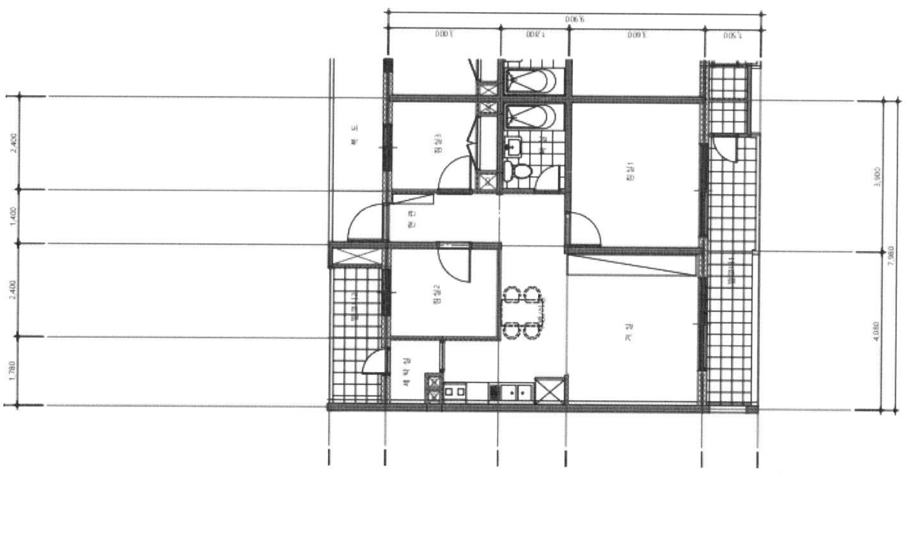

84 A4-1 단위세대 평면도 [리모델링 전]
축척 1 / 100

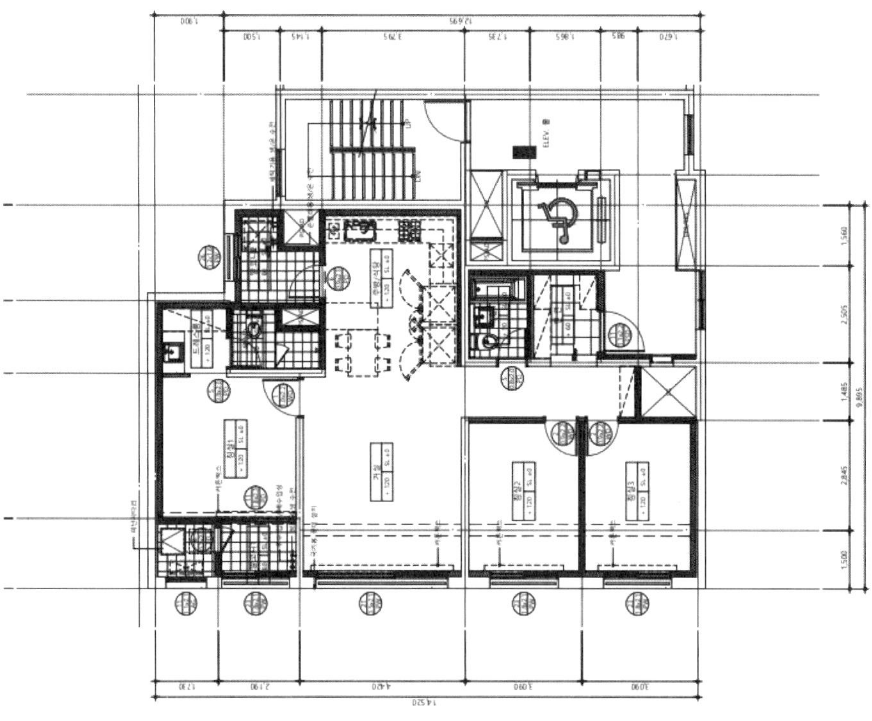

84 A4-2 단위세대 평면도 [신축]

축척 1/100

2.2 리모델링 사업승인계획(안)

1) 사업개요

① 사업 명칭 : 00단지 아파트 리모델링사업

② 사업시행구역 : 00시 00구 00동 00번지 00단지

③ 조합사무소 위치 : 00시 00구 00로00, 00빌딩 2층

2) 설계개요

대지 위치	경기도 00시 00구 00동 00번지
지역지구	제3종일반주거지역, 제1종지구단위계획구역, 비행안전2구역, 상대/절대정화구역
대지면적	37,644.60㎡ (11,387.49)

구분	기존	리모델링 후	증감
전 체 연면적	76,082.91㎡	163,991.00㎡	87,908.09㎡
	(23,015.08)	(49,607.28)	(26,592.08)
지상층 연면적	67,200.42㎡	98,255.09㎡	31,054.67㎡
	(20,328.13)	(29,722.16)	(9,394.0)
지하층 연면적	8,882.49㎡	65,735.91㎡	56,853.42㎡
	(2,686.95)	(19,885.11)	(17,198.08)
건축면적	5,654.22㎡	11,607.40㎡	5,953.18㎡
	(1,710.40)	(3,511.24)	(1,800.83)
건폐율	15.02%	30.83%	15.81%
용적률	178.51%	266.96%	88.45%
세대수	770 세대	873 세대	103세대 증가
주차대수	법정 : 396 대	법정 : 641대	1,017대 증가
	계획 : 484 대	계획 : 1,501대	
규 모	지하 1층/지상 10~25층	지하 3층/지상 11~28층	
상가 (존치)	-	-	-
			-

3) 아파트 리모델링계획

경기도 00시 00구 00동 00번지 지상의 00단지 아파트 단지 내 리모델링사업 계획에 따라 리모델링되는 아파트 12개동 873세대이다.

유형		세대수	전용면적(㎡)	공급면적(㎡)	계약면적(㎡)
58A	74A1	140	74.45	103.53	179.75
	74A2	160	74.69	103.87	180.33
	74A2-1	20	74.64	103.80	180.21
	74A3	20	74.54	103.66	179.97
	74A5	20	74.60	103.74	180.12
66/67	66A1	105	66.81	92.91	161.31
	66A1-1	25	66.74	92.81	161.14
	84A1	80	84.54	117.56	204.11
	84A1-1	10	84.74	117.84	204.66
	84A1-2	10	84.65	117.72	204.38
	84A1-5	10	84.82	117.95	204.79
	84A1-7	60	84.55	117.58	204.14
	84A2	105	84.53	117.55	204.09
	84A4-1	13	84.73	117.83	204.57
수평/별동	84A4-2	27	84.77	117.88	204.67
	84A6	34	84.49	117.49	203.99
	84A6-2	14	84.60	117.65	204.26
	84C2	20	84.39	117.35	203.75
	합계	873			

4) 리모델링계획 세부기준

제6조 【권리변동계획 확정총회】 ① 조합은 사업계획승인 후 시공사와 본계약 협의를 완료한 후 종전 종후자산 감정평가를 통해 분담금을 산출하여 총회에서 의결 받아야 한다.

② 조합은 제1항의 총회전에 사업계획 승인을 받은 단위세대 평면과 예상 분담금을 조합원에게 통지한 후 조합이 별도로 정한 기간에 조합원이 희망하는 주택형을 신청 받아야 한다.

③ 제2항에 의한 희망하는 주택형 신청을 받은 결과 부족한 주택형이 발생할 경우 조합은 동호수 배정이전에 부족한 주택형이 없도록 대의원회 의결을 받아 추가신청 등 적절한 조치를 취할 수 있다.

④ 제2항에 의한 희망하는 주택형 신청을 받은 결과 부족한 주택형이 발생하지 않은 경우 사업성개선이나 미분양예방 등을 위해 잔여주택의 일부를 대의원회에서 의결받아 일부조합원을 대상으로 추가신청 등을 통해 재배정 할 수 있다.

⑤ 조합규약 제41조(권리변동계획의 기준) 제3항에 의거 일부주택을 조합원분, 보류지, 일반분양분으로 지정 할수 있으며 그 시기와 대상은 대의원회 의결로 결정 할 수 있다.

제8조 【조합원 외의 자에 대한 분양계획】 ① 일반분양대상은 리모델링 후의 전체주택 중 조합원에게 우선 배정되고 보류지 결정이 있은 후 남은 주택을 대상으로 한다.

② 일반분양 방법 및 시기 등은 주택공급에 관한 규칙 등 관계법령에 따라 실시한다.

③ 조합규약 제39조(매도청구 등) 등에 따라 조합의 소유한 주택은 조합이 대의원회 의결을 받아 처분하거나 제1항의 일반분양대상에 포함시켜 일반에게 분양할 수 있다.

④ 일반분양시점에 권리변동계획 대비 예상 분양가 변동이 클 경우 대의원회 의결을 통해 일반분양 여부를 결정하며 그에 따른 사업비, 분담금 등의 변동을 고려해야하며 이후 조합정기 총회를 통해 조합원의 분담금이 변동 될 수 있다.

제9조 【권리변동계획 조치】 ① 조합원의 재산세, 취득세, 등 세금과 이주비, 사업비, 중도금에 대한 금융비용, 세대이동에 따른 분담금은 소유자별로 여건과 상황이 다르므로 분담금 산출 시 총사업비에서 제외한다.

② 공용부 및 세대특화 공사비, 보류지, 일반분양가, 물가인상, 현금청산세대수, 공사기간 등에 따라 조합원의 비용부담이 달라질 수 있다.

③ 본 권리변동 계획안과 총회 등에서 검토된 권리변동계획(안) 관련사항의 자구수정, 오타, 오기, 누락, 공람의견 및 인허가 협의과정 등에 따라 일부내용이 변경될 수 있으며 대의원회의결로 선 조치할 수 있으며 추후 총회 승인을 받을 수 있다.

2.3 리모델링 사업비 추산액

(단위 : 원)

사업비 항목	예산(안)	산출근거	비고
공사비	331,360,240,395	163,991㎡/3.3058㎡×6,679,700원	
미술장식품 설치비	331,360,240	미술장식품 설치비 추정액 공사비의 1/1,000	
측량비	75,000,000	지적측량 추정액	
지질조사비	31,000,000	지질조사비 추정액	
설 계 비	2,849,000,000	163,991㎡×57,000원/3.3㎡ 추후 설계변경 예정에 대한 추정액	
건축 감리비	4,700,000,000	도급공사비×0.80×2.25%×1.1×80.45%	
전기/소방/통신 감리비	2,000,000,000	전기, 소방, 통신 감리용역 추정액	
구조 감리비	100,000,000	구조감리용역 추정액	
철거 감리비	200,000,000	철거감리용역 추정액	
추진위원회 운영비	7,000,000		
조합 운영비	2,403,000,000	현재까지 사용예산 9.8억+1,900만원 10개월, 2,500만원 49개월)	
총회 개최비	700,000,000	청산 시까지 총회비용 추정액	
신탁등기/해지비	497,000,000	신탁등기 및 해지 추정액	
보존 등기비	2,120,000,000	일반분양 토지 및 건물 취득세 (법무사 보수 포함) 추정액	
감정평가비	1,200,000,000	조합원 종전/종후 평가, 수수료의 80% 적용 조합원종전/종후평가, 법인세 평가수수료 추정액	
정비사업 전문관리업비	1,643,490,000	계약에 의함	
리모델링사업 관리 및 기술사문	700,000,000	리모델링 사업관리 및 기술자문용역 추정액	
교통영향평가비	80,000,000	계약에 의함 실제금액 확인 요망/1회 추가 용역 포함해서 계산	
기타 평가비용	180,000,000	친환경인증, 수수료 등 추정액	
교육환경영향평가비	70,000,000	계약에 의함	
법률용역비 및 소송비용	538,750,000	각종 소송, 매도청구, 명도소송 (전체 세대 25%) 추정액	

사업비 항목	예산(안)	산출근거	비고
인허가 및 업무추진비	426,800,000	주택형신청서 징구 등 추가 이주관리용역(공가관리 포함) 세대 당 40만원 추정액	
세무회계 용역비	133,841,000	기장대행, 세무신고/조정, 외부회계감사 등 추정액	
광역교통시설 부담금	622,458,000	광역교통시설 부과금액	
학교용지 부담금	1,271,160,000	학교용지 부담금 추정액 일반분양금의 0.8%	
상하수도원인자 분담금	151,000,000	상수도원인자 부담금 부과금액 및 하수도원인자 부담금 추정액	
지역난방 시설부담금	440,100,000	지역난방 시설부담금 추정액 기존 ㎡당 7,050원, 신축 ㎡당 14,040원	
도시가스시설 부담금	10,300,000	도시가스시설 부담금 추정액 증가세대수×10만원	
분양보증 수수료	1,588,950,000	분양보증 수수료 추정액 일반분양가의1%적용	
분양대행 수수료	339,900,000	분양대행 용역수수료 추정액 103세대×300만원	
분양광고 홍보비	200,000,000	일반분양가의 0.13% 적용	
모델하우스 설치비	400,000,000	모델하우스/사이버 설치비 추정액	
민원처리비	200,000,000	사업시행중 발행하는 민원처리에 대한 추정액	
00시 기금 대여금 및 이자	2,900,000,000	사용검사후 상환하는 원금 및 이자 추정액	
예비비	2,000,000,000	사업비 항목 부족분 및 미편성 사업비(폐기물처리, 인허가비용, 성과금, 사업추진 상 필요한 추가 용역, 금융자문료, 금융비용 등)에 충당	
조합사업비금융비용	3,682,740,805	조합사업비 금융비용 추정액 00건설도급공사비, 이주비대출이자, 분담금대출 이자등 조합원이 공통으로 부담하는 금융비용을 제외한 사업비대출금×6%/2	
합 계	366,153,090,440	공사비+사업비+금융비용	

3. 종전자산 감정평가

3.1 세대별(호별) 종전자산 감정평가(예시)

1) 개요

본 아파트 단지 내에 대표성이 있는 기준세대를 선정한 후 거래사례비교법에 의한 기준세대 전유면적당 단가를 결정하고 기준세대와 각 세대의 규모별(타입), 향별, 층별, 위치별 효용지수를 적용하여 세대별 감정평가격을 결정한다.

2) 세대별 아파트 감정평가액 산정 절차

기준세대 선정 ⇒ APT 단지의 특성 분석

⇓

기준세대 가액결정 ⇒ 자료의 수집 및 분석

- ■ 거래 사례
- ■ 평가 사례 등

⇓

층별, 향별 효용지수 산정 ⇒ 각동 내에서 층별, 향별 등 효용지수를 산정.

⇓

위치별 효용지수 산정 ⇒ 단지 내 각동의 위치를 기준으로 일조, 조망, 접근, 소음, PRIVACY 등에 따라 위치별 효용지수를 산정.

⇓

세대별 감정평가액 결정 ⇒ 감정평가 명세표 참조

3) 거래 사례 비교법에 의한 종전자산 기준세대 비준가액(단가) 결정

(1) 기준세대 단가 산정개요

기준세대의 적정 감정평가액을 결정함에 있어 기준세대와 물적, 위치적 유사성이 인정되고, 비교적 최근의 거래사례로 인정되는 동일 단지 내 거래사례를 이용하여 기준세대의 현황에 맞게 사정보정, 시점수정, 가치형성요인 비교 등의 과정을 거쳐 거래사례비교법으로 기준세대의 가액(전용면적 기준단가, 원/전용㎡)를 산정하였다.

기준세대 단가(원/전용㎡) =거래 사례 단가(원/전용㎡)×사정보정×시점수정×가치형성 요인(외부×건물×개별 등)

(2) 비교 거래사례의 선정

거래사례 중 본건 기준세대(제309동 제5층 제504호)와 층, 위치, 면적 등이 유사하고, 최근 거래사례로서 본건 아파트단지의 가격상승추세가 반영되어 비교가능성이 높은 아래의 거래사례(#11과 #12)를 선정하였다.

일련번호	거래사례		전용면적(㎡)	공급면적(㎡)	거래가격(원)	거래단가(원/전용㎡)	거래일자	비고
	동	호						
#11	301	304	67.43	92.63	1,200,000,000	17,796,233	2020. 12. 05	본건
#12	301	904	67.43	92.63	1,100,000,000	16,313,214	2020. 12. 04	본건

(3) 사정보정

선정한 거래사례는 인근 유사아파트의 거래사례, 감정평가사례, 호가수준 및 가격추이 등을 고려할 때 특별한 사정개입이 없는 것으로 판단되어 별도의 사정보정은 없다. (1.000)

(4) 시점수정

한국부동산원의 전국주택가격동향조사 발표자료 중 당해 지역의 아파트 거래가격동향을 가장 잘 반영한다고 사료되는 경기도 분당구 월별 매매가격지수(아파트)를 적용을 원칙으로 하되, 거래 및 기준시점이 발표 이전인 경우 전월가격지수를 적용함이 원칙이나 가격동향 및 추세 등을 감안하여 아래와 같이 적용하였다.

거래사례 기호	거래시점 매매가격지수	기준시점 매매가격지수	시점수정치	비고
#11, #12	92.90 (20.11.지수)	104.70 (22.03.지수)	1.12702	104.70/92.90

(5) 가치형성요인 비교

거래사례의 가격을 기준으로 대상과 외부요인, 건물요인, 개별요인 등을 비교하여 대상의 비교요인치를 구하였다.

- 외부요인 : 본건 및 거래사례는 동일 아파트단지로서 외부요인 동일하다.
- 건물요인 : 본건 및 거래사례는 동일 아파트단지로서 건물요인 동일하다.
- 개별요인 : 본건 단지 내 거래사례로서 층, 위치 등 개별요인에서 유사하며 가치형성요인 비교는 아래와 같다.

① 거래사례 #11

<table>
<tr><th colspan="2" rowspan="2">구분</th><th rowspan="2">전용
타입</th><th rowspan="2">층</th><th rowspan="2">향</th><th rowspan="2">대지권
보정</th><th colspan="5">위치별 지수</th><th rowspan="2">가치
형성
요인</th></tr>
<tr><th>접근성</th><th>소음</th><th>조망 및
개방감</th><th>방열 및
결로</th><th>소계</th></tr>
<tr><td rowspan="3">아
파
트</td><td>사례
#11</td><td>67.43</td><td>03</td><td>동</td><td>-</td><td>보통</td><td>보통</td><td>보통</td><td>보통</td><td>-</td><td>-</td></tr>
<tr><td>기준
세대</td><td>67.43</td><td>05</td><td>남</td><td>-</td><td>보통</td><td>보통</td><td>다소
우세</td><td>보통</td><td>-</td><td>-</td></tr>
<tr><td>비교치</td><td>1.00</td><td>1.01</td><td>1.06</td><td>1.000</td><td>1.000</td><td>1.000</td><td>1.01</td><td>1.000</td><td>1.01</td><td>1.081</td></tr>
</table>

② 거래사례 #12

<table>
<tr><th colspan="2" rowspan="2">구분</th><th rowspan="2">타입</th><th rowspan="2">층</th><th rowspan="2">향</th><th rowspan="2">대지권
보정</th><th colspan="5">위치별 지수</th><th rowspan="2">가치
형성
요인</th></tr>
<tr><th>접근성</th><th>소음</th><th>조망 및
개방감</th><th>방열 및
결로</th><th>소계</th></tr>
<tr><td rowspan="3">아
파
트</td><td>사례
#12</td><td>67.43</td><td>9</td><td>동</td><td>-</td><td>보통</td><td>보통</td><td>보통</td><td>보통</td><td>-</td><td>-</td></tr>
<tr><td>기준
세대</td><td>67.43</td><td>5</td><td>남</td><td>-</td><td>보통</td><td>보통</td><td>다소
열세</td><td>보통</td><td>-</td><td>-</td></tr>
<tr><td>비교치</td><td>1.00</td><td>0.99</td><td>1.06</td><td>1.000</td><td>1.000</td><td>1.000</td><td>0.99</td><td>1.000</td><td>0.99</td><td>1.039</td></tr>
</table>

(6) 그 밖의 요인 보정

인근지역의 거래사례 및 감정평가사례, 본건의 시세변동추이, 감정평가목적 등을 종합 참작하여 그 밖의 요인을 보정하지 아니한다. (1.00)

(7) 거래사례비교법에 의한 비준가액(단가)

구분	거래단가 (원/전용㎡)	시점 수정	가치형성요인			그 밖의 요인	산출단가 (원/전용㎡)	적용단가 (원/전용㎡)
			외부 요인	건물 요인	개별 요인			
사례 #11	17,796,233	1.12702	1.00	1.00	1.081	1.00	21,681,304	21,681,000
사례 #12	16,313,214	1.12702	1.00	1.00	1.039	1.00	19,102,345	19,102,000

(8) 거래사례비교법에 의한 기준세대의 가액(단가) 결정

상기의 거래사례비교법에 의해 산출된 시산단가 21,681,000~19,102,000(원/전용㎡)와 가격자료를 종합 참작하고, 부동산시장동향, 부동산정책 변화, 감정평가 목적 등을 감안하여 기준세대의 전용면적당 기준단가를 20,350,000원/전용㎡으로 결정하였다.

기준세대	전용 면적 (㎡)	공용 면적 (㎡)	공급 면적 (㎡)	대지권(㎡)	기준단가 (원/전용㎡)
제309동 5층 504호	67.43	25.20	92.63	49.3812	20,350,000

4) 규모(타입)별 효용지수 결정

(1) 본건 아파트의 규모(타입)별 효용지수 분석

① 본건 아파트 거래 사례(사업시행인가고시 전)

② 본건 아파트 시세(거래 사례)

③ 본건 공동주택 공시가격 분석

④ 규모(타입)별 효용지수의 고려사항

상기 인근 유사아파트 거래사례, 시세자료에서와 같이 아파트의 규모별 가격 격차가 발생하고 있다. 이러한 가격 격차의 발생요인은 아파트의 세대수, 아파트 수요자 및 부동산 시장의 경향, 단지의 위치, 규모별 설계, 사회적 인식, 환가성 등 요인에 의하여 결정된다. 기준시점 현재 부동산 시장의 경향은 부동산의 매매 및 임대의 편의성, 투자자의 소형 선호도 증가, 관리의 난이성, 세대별 설계의 최적화로 인하여 소규모의 아파트가 중, 대형 아파트에 비하여 높은 거래단가를 보이고 있다.

특히, 과거의 연구 및 감정평가사례는 대형타입이 소형타입 대비 상당한 우세를 보여왔으나, 실제 부동산시장의 규모별 효용지수는 인근지역의 거래사례에서 단가 비교를 통해 객관적으로 확인된 바와 같이 가족수 변화 및 베란다 확장, 규모별 선호도 변화, 투자 규모, 리모델링사업의 진행 등에 따라 상기와 같이 소형의 규모별 단가가 대형의 규모별 단가에 비해 우세한 경향이 있다.

(2) 규모(타입)별 기준세대 효용지수의 결정

① 사례별 타입별 효용지수의 분석 및 검토

타입	거래사례	한국부동산원	공동주택가격
58.71	1.14	1.060~1.068	1.029
66.60	0.95	1.013~1.012	1.012
67.43	1.00	1.000~1.000	1.000

② 본건 아파트의 타입별 효용지수 및 기준단가(원/전용㎡) 결정

상기의 한국감정원 시세자료 및 공동주택공시가격을 참고하되, 부동산시장에서 거래된 단지 내 최근 거래사례에 비중을 두고 당해 리모델링사업에 대한 타입별 기여도 등을 감안하여 전용 67.43㎡ 타입을 기준으로 아래와 같이 결정하였다.

전용타입(㎡)	공급타입(㎡)	타입별 효용지수	타입별 기준단가 (원/전용㎡)
58.71	84.55	1.075	21,876,250
66.60	91.49	1.000	20,350,000
67.43	92.63	1.000	20,350,000

5) 각 세대별 효용지수 결정

아파트는 통상적으로 층별, 향별, 위치별, 구조별 효용에 따라 일조, 조망, 소음, 프라이버시 침해 등의 영향을 받고 있으며, 이로 인해 동일 타입이라도 가치를 달리하는 바, 이에 따라 본건 아파트의 각 세대별 효용지수를 다음과 같이 결정한다.

(1) 층별 효용지수의 결정

① 델파이법에 의한 층별 효용비율 분석 사례

부동산 분양의 전문가를 대상으로 한 델파이법을 이용한다. 즉 감정평가사 105명에게 설문조사를 하고 이를 요약·정리하는 방법을 통해 층별 효용비율을 산정한 사례로 다음과 같다.

5층		10층		15층		20층	
층수	효용비율	층수	효용비율	층수	효용비율	층수	효용비율
						20	103
						19	107
						18	109
						17	110
						16	111
				15	103	15	111
				14	107	14	111
				13	109	13	111
				12	110	12	111
				11	110	11	111
		10	103	10	110	10	111
		9	107	9	110	9	110
		8	109	8	110	8	110
		7	110	7	110	7	109
		6	110	6	109	6	108
5	99	5	109	5	109	5	107
4	105	4	108	4	107	4	106
3	108	3	106	3	106	3	105
2	106	2	104	2	104	2	104
1	100	1	100	1	100	1	100

② 헤도닉모형을 이용한 아파트 층별 효용비율 분석 사례

서울지역에 소재하는 아파트에 대한 표본조사를 통해서 조사하여 분석된 자료로 다음과 같다. 표 본수는 96개동 7,002세대이다.

5층		12층		15층		20층		25층	
층수	효용비율	층수	효용비율	층수	효용비율	층수	효용비율	층수	효용비율
								25	108
								24	109
								23	109
								22	110
								21	111
						20	108	20	113
						19	110	19	111
						18	111	18	111
						17	111	17	111
						16	112	16	111
				15	105	15	112	15	111
				14	107	14	112	14	111
				13	108	13	112	13	111
		12	107	12	108	12	112	12	110
		11	108	11	108	11	112	11	110
		10	111	10	108	10	111	10	109
		9	111	9	107	9	111	9	109
		8	112	8	107	8	111	8	108
		7	109	7	107	7	109	7	108
		6	109	6	107	6	108	6	107
5	104	5	109	5	106	5	108	5	103
4	105	4	108	4	105	4	107	4	103
3	105	3	107	3	105	3	107	3	101
2	102	2	105	2	103	2	105	2	101
1	100	1	100	1	100	1	100	1	100

③ 층별 효용지수 결정

부동산의 가치에 영향을 미치는 층별 효용은 일조, 통풍, 보안, 조망상태와 밀접한 관련을 가지고 있으며, 이로 인한 쾌적성과 연계하여 여전히 심리적으로 가격구성요소에 중요한 영향을 미치는 인자로 분류되고 있다. 동일 타입의 아파트 내에서도 일조, 채광의 정도, 조망, 소음의 영향, 계단의 오르내림, 해충 및 악취, 난방 및 단열 등에 따라 그 선호도가 상이한 것은 일반적인 경향이다.

중고층(10~25층)아파트인 본건의 층별 효용지수 결정은 상기의 연구사례, 적용사례, 공시자료 및 실거래가격 수준의 층별 효용격차 등을 종합적으로 검토하여 결정하되, 리모델링 예정인 아파트의 거래가격 수준이 층별로 격차가 발생하는 부동산시장의 현상과 조망을 중시하는 경향으로 층별 격차가 커지는 점 등을 감안하여 본건 아파트의 층별 효용을 결정하여야 한다.

다만, 리모델링사업은 기존의 조합원주택을 리모델링하여 대부분은 동과 층의 변동 가능성 없이 리모델링 후 동일한 동 · 호수에 그대로 입주나 일부세대는 별동이나 다른 동으로 이동할 수 있다는 점을 고려하고 권리변동계획 수립시 조합원의 합리적 · 합목적적인 공정한 분담금 산정을 위한 종전자산 감정평가임을 감안하여 층별 효용을 아래와 같이 결정하되 가중치를 50% 적용하였다.

(25층 : 306동, 310동)

구분	1층	2층	3층	4층	5층	6층	7층	8층	9층
층별 효용 지수	0.975	0.984	0.986	0.988	0.990	0.992	0.994	0.996	0.998
	10층	11층	12층	13층	14층	15층	16층	17층	18층
	1.000	1.002	1.004	1.006	1.008	1.010	1.012	1.014	1.016
	19층	20층	21층	22층	23층	24층	25층		
	1.018	1.020	1.022	1.024	1.026	1.028	1.026		

(20층 : 305동, 311동)

구분	1층	2층	3층	4층	5층	6층	7층	8층	9층	10층
층별 효용 지수	0.975	0.984	0.986	0.988	0.990	0.992	0.994	0.996	0.998	1.000
	11층	12층	13층	14층	15층	16층	17층	18층	19층	20층
	1.002	1.004	1.006	1.008	1.010	1.012	1.014	1.016	1.018	1.016

(15층 : 301동, 307동~309동, 312동)

구분	1층	2층	3층	4층	5층	6층	7층	8층
층별 효용 지수	0.975	0.984	0.986	0.988	0.990	0.992	0.994	0.996
	9층	10층	11층	12층	13층	14층	15층	
	0.998	1.000	1.002	1.004	1.006	1.008	1.006	

(10층 : 302동~304동)

구분	1층	2층	3층	4층	5층	6층	7층	8층	9층	10층
층별 효용 지수	0.975	0.984	0.986	0.988	0.990	0.992	0.994	0.996	0.998	0.996

(2) 향별 효용지수

① 개요

북반구에 위치하여 4계절이 뚜렷한 우리나라는 예부터 남향을 전면으로 하는 주거형태가 주를 이루고 있으며 이는 기후영향에 따른 일조 및 채광으로 인한 쾌적성과 연료비 절감 등을 중시한 결과이다.

또한 통풍, 살균, 소독 등의 물리적 효과와 정서적 안정에 대한 효과와도 관련이 있어서 일반적으로 아파트 수요자의 향별 선호도는 "남향 > 남동향 > 남서향 > 동향 > 서향 > 북동향 및 북서향 > 북향" 순으로 나타나며, 이러한 선호도는 아파트의 가치형성에 영향을 미치고 있다.

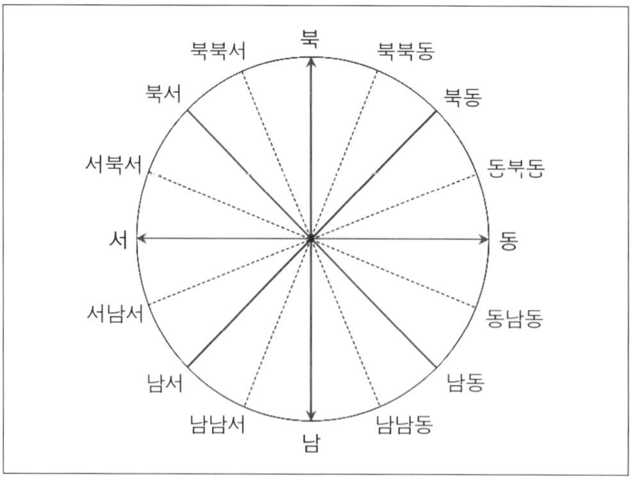

② 토지가격비준표상의 방위별 가격격차비율

[지가형성 요인에 관한 표준적인 비교표(토지가격비준표, 국토교통부)]

향	남향	동향	서향	북향
가격격차배율	1.00	0.98	0.97	0.95

※ 남향은 남동향 및 남서향을 포함하며, 북향은 북동향 및 북서향을 포함한다.

③ 향에 대한 선행 연구 사례

연구자/사례	향별 격차
주택산업연구원	남향기준 : 100 - 동향 : 95.22% - 서향 : 86.42%
대한주택공사	남향 대비 로열층 기준(100) - 동남향 : 98.86% - 동향/남서향 : 95.95% - 서향/북향 : 94.27%

※ 상기 향별에 대한 분석 내역은 각 단지별 특성 및 동별 배치에 따른 일조, 조망, 사생활 침해율 등 주변 주거환경에 따른 격차율도 감안된 것으로 사료된다.

④ 평가 사례의 향별 효용지수

인근단지 평가 사례의 향별 효용지수를 검토한다.

⑤ 향별 효용지수 결정

일반적으로 형성된 아파트의 향별에 따른 가격차이가 있으므로 상기의 사례분석 결과와 토지가격비준표상의 향별 가격격차비율, 선행 연구 사례, 동일수급권 내 재건축과 리모델링 아파트 평가 사례 등의 분석결과를 종합적으로 고려하여 결정한다.

향	향별 효용지수	비고
남향	1.100	가중치 20%
남동	1.055	가중치 20%
동향	0.835	가중치 20%
서향	0.650	가중치 20%

(3) 위치별 효용지수(가중치 30% 적용)

① 일조(채광)

일조(권)란 통상 동지일 기준 08:00~16:00까지 각 단위 시간대별 베란다 및 실내에 직접 비치는 태양광의 면적을 창의 면적으로 나눈 비율을 말하는 것으로서 본건 아파트의 경우는 인동거리, 층고, 향 등을 감안하되, 리모델링사업의 특성상 리모델링 전/후 컴퓨터 시뮬레이션에 의한 일조시간을 반영하여 효용지수를 결정하되 일조는 위치별가중치의 30%를 가중치로 결정하였다.

② 조망 · 압박감(개방감, 폐쇄감)

부동산의 가격에 영향을 크게 미치는 조망은 서울의 경우 한강변의 조망권을 대표적으로 볼 수 있으며, 그와 더불어 자연 및 인공공원, 산, 호수 등이 인접하고 있는 경우 부동산 가격은 조망권이라는 요소에 의하여 그 가치가 크게 좌우되고 있다.

다만 본건은 중고층(10층~25층) 아파트로 그 격차가 적기는 하나 동 배치, 인접 동과의 거리, 층수, 주변의 자연환경 등으로 인하여 조망 및 개방감이 주거환경에 다소 영향을 주는 것으로 판단되어 컴퓨터 시뮬레이션에 의한 조망점수를 반영하여 효용지수를 결정하되 위치별가중치의 30%를 가중치로 결정하였다.

③ 소음

인근 간선도로 및 정자로변의 차량소음, 기타 소음을 유발하는 시설 등과의 거리에 따라 주거환경의 차이가 있을 수 있으므로 본건 단지 외부의 소음유발 시설과의 물리적 거리 및 차량속도와 통행량, 단지 내부 보행 등 소음발생요인 등을 볼 때 도로변과 단지 중심부는 소음차이가 발생하고 있어서 소음차이를 데시벨 수치로 나타내고 이를 효용지수화 하여 평가에 반영하되 위치별가중치의 10%를 가중치로 반영하였다.

④ 프라이버시(사생활 침해)

본 단지의 배치, 주변건물, 지형적 특성에 따라 발생하는 세대별 거실창을 기준으로 한 프라이버시 침해율은 외부에서 들여다보이는 프라이버시 침해를 말하는 것으로 아래 층으로 갈수록 프라이버시시 침해가 크고 윗층으로 갈수록 프라이버시 침해가 적어지는 경향을 보인다. 본건아파트는 중고층 아파트인 점을 고려하여 프라이버시 침해를 점수화하고 이를 다시 효용지수화 하되 위치별가중치의 10%를 가중치로 반영 하여 감정평가에 반영하였다.

⑤ 접근성 등

본건 단지의 동별 접근성은 교통시설, 공공시설, 인근상업시설 등과의 접근성 차이를 효용지수로 나타나되 인근의 교통버스정류장 및 인근 상업시설 등 주거편의시설에 대한 동별 접근성 등에서 차이가 있어 위치별 가중치의 10%를 가중치로 반영하였다.

⑥ 구조

본건 아파트의 경우 전용면적대비 공용면적이 달라 공급면적대비 전용면적 비율에서 차이가 있고 이러한 차이가 실거래에서 반영되고 있는 점을 고려하여 전용비율차이를 구조 효용지수에서 반영하되 위치별가중치의 10%를 가중치로 반영하였다.

⑦ 결로 및 난방 등

각 동별 좌우 끝에 위치한 세대 및 최상층 세대는 중앙에 위치한 세대에 비해 결로 및 냉·난방비 등에 차이가 있으므로 인근지역의 평가사례 및 현장조사를 참고하여 이를 고려하였다.

⑧ 공용면적비율 및 대지권비율

공용면적비율은 「집합건물의 소유 및 관리에 관한 법률」에 따라 공급면적중 주거공용 부분이 차지하는 비율이며 대지권의 비율은 각 공유자가 가지는 전유면적 대비 대지면적 비율을 의미한다. 따라서 전유 부분 면적 대비 공용면적의 비율이 상대적으로 많거나 적은 경우, 전유 부분 면적 대비 대지권의 비율이 상대적으로 많거나 적은 경우 이를 가치형성 요인에서 반영한다.

이상과 같이 위치에 따른 효용은 일조, 소음, 조망, 프라이버시침해, 접근성, 쾌적성, 구조, 결로 및 난방, 공용면적 및 대지권비율 등 주거환경에 영향을 미치는 요인이 내재하고 있으며 각 요인별로 동별 상호간 연관되어 작용하고 있는 점에 유의하여 위치별 효용지수를 결정한다.

(4) 세대별 효용지수의 결정

상기의 규모(타입)별, 향별, 위치별 효용지수를 종합적으로 고려하여 각 세대별 효용지수를 산정한다.

세대별 효용지수 = 층별(가중치 50%) × 향별(가중치 20%) × 위치별(30%)

* 위치별 효용지수는 일조 30%, 조망 30%, 소음 10%, 사생활침해 10%, 접근성 10%, 구조 10% 등 중요도에 따른 가중치를 부여하여 세대(호)별로 산정하였음.

6) 아파트 감정평가액의 결정

(1) 세대별 감정평가액 결정

수집된 제반자료 즉, 확인자료, 요인자료, 사례자료 등을 분석 · 검토하고, 본 단지의 특성, 리모델링으로 인한 장래효용성 및 기타 가치형성상의 제요인을 종합 · 참작하여 다음과 같이 각 세대별 감정평가액을 결정한다.

세대별 감정평가액 = 전용면적 × 타입(규모)별 기준단가 × 세대별 효용지수(층별 × 향별 × 위치별)

(후첨, 세대별 감정평가액 산출근거 참조)

(2) 타입별 평균 감정가액

Type (전용)	최소가액 (원)	최대가액 (원)	평균가액 (원)	타입별 감정평가누계액(원)	세대수
58.71남	1,254,000,000	1,316,000,000	1,288,717,171	255,166,000,000	198
58.71동	1,190,000,000	1,232,000,000	1,212,687,500	97,015,000,000	80
58.71서	1,135,000,000	1,190,000,000	1,138,887,500	93,511,000,000	80
66.60남	1,324,000,000	1,388,000,000	1,360,129,870	209,460,000,000	154
66.60남동	1,317,000,000	1,348,000,000	1,335,789,474	25,380,000,000	19
66.60동	1,260,000,000	1,300,000,000	1,283,689,655	37,227,000,000	29
67.43남	1,333,000,000	1,405,000,000	1,374,943,750	219,991,000,000	160
67.43남동	1,326,000,000	1,364,000,000	1,349,250,000	26,985,000,000	20
67.43동	1,271,033,333	1,315,000,000	1,297,033,333	38,911,000,000	30
합계				1,003,646,000,000	770

7) 현황 사진

전경-서측입구 촬영

전경-북서측 촬영

309, 311동 전경

303, 304, 305동 전경

단지 진입로

단지주변도로

3.2 종전자산 감정평가 시 유의사항

1) 개요

리모델링 감정평가는 일반적인 정비사업인 재개발 재건축 감정평가와 근본적으로 차이가 있어서 감정평가에 유의해야 한다.

정비사업에서는 단지내 기존건물이 전면 철거되고 그 자리에 새로운 신축건물이 건축되므로 종전자산 평가에서 평형별 타입별 지수와 층별 지수 그리고 향별 지수 등을 고려한 컴퓨터 시뮬레이션 기법을 활용하면 무난하게 감정평가가 이루어질 수 있다.

하지만 리모델링 감정평가는 종전자산이 전면 철거되는 것이 아니라 기존건물을 존치하면서 동별 또는 라인별로 일부를 절단하거나 달아내는 방식으로 증축이 이루어지므로 리모델링 후에 다양한 타입으로 변경된다.

따라서 기준세대를 선정한 후 거래사례비교법에 의한 기준세대 전유면적당 단가를 결정하고 기준세대와 각 세대의 규모별(타입), 향별, 층별, 위치별 효용지수를 적용하여 세대별 감정평가격을 결정하는 종전자산 감정평가에서는 유의해야 할 사항이 많이 존재한다.

2) 세대별 아파트 감정평가액 산정시 유의사항

① 라인별 종후타입이 종전자산 거래가액에 주는 영향 배제

② 1층과 최상층의 층별 효용비율에 유의

③ 일반조망과 특별조망의 구분과 적용에 유의

④ 천장고와 층고 차이에 유의

⑤ 물탱크실 위치가 세대에 미치는 영향 유의

⑥ 엘리베이터 연결

⑦ 계단식과 복도식 차이 등

4. 종후자산(분양예정 대지 및 건축시설) 감정평가

4.1 분양예정 대지 및 건축시설에 대한 감정평가(예시)

1) 감정평가개요

(1) 기준가치

본건은 권리변동계획 수립을 위한 감정평가로서 리모델링 전후의 대지 및 건축물의 권리변동 명세와 조합원의 비용분담을 위한 감정평가로서 권리변동계획수립은 통상적인 시장이 아니라 조합원분양(배정)이라는 특수한 조건을 전제로 하고, 이는 「주택법」에 따른 조합원의 권리변동계획을 위한 감정평가이므로 「감정평가에 관한 규칙」 제5조 제2항에 따라 '시장가치 외의 가치'를 기준으로 감정평가한다.

(2) 감정평가조건

본건 종후자산 감정평가는 가격시점 현재 리모델링이 완료된 물건이 존재하지 않으나 성남시가 "성남시 고시 제2022-79호"로 고시한 리모델링 주택건설사업계획승인 내역 및 귀 제시 건축설계 도면 등에 의거 합법적으로 귀 조합의 사업계획에 따라 리모델링사업이 진행되어 정상적으로 준공될 것을 전제로 한 조건부 감정평가이다.

(3) 감정평가의 기준

① 「감정평가 및 감정평가사에 관한 법률」, 「집합건물의 소유 및 관리에 관한 법률」, 「주택법」, 「건축법」, 「도시 및 주거환경 정비법」, 「감정평가에 관한 규칙」, 「감정평가 실무기준」 등 관련 법령 및 규정, 조합규약 및 감정평가 일반 이론에 의거 감정평가 한다.

> 주택법 제67조【권리변동계획의 수립】 세대수가 증가되는 리모델링을 하는 경우에는 기존 주택의 권리변동, 비용분담 등 대통령령으로 정하는 사항에 대한 계획(이하 "권리변동계획"이라 한다)을 수립하여 사업계획승인 또는 행위허가를 받아야 한다.

> 주택법시행령 제77조【권리변동계획의 내용】 ① 법 제67조에서 "기존 주택의 권리변동, 비용분담 등 대통령령으로 정하는 사항"이란 다음 각 호의 사항을 말한다.
> 1. 리모델링 전후의 대지 및 건축물의 권리변동 명세

> 2. 조합원의 비용분담
> 3. 사업비
> 4. 조합원 외의 자에 대한 분양계획
> 5. 그 밖에 리모델링과 관련된 권리 등에 대하여 해당 시 · 도 또는 시 · 군의 조례로 정하는 사항
>
> ② 제1항 제1호 및 제2호에 따라 대지 및 건축물의 권리변동 명세를 작성하거나 조합원의 비용분담 금액을 산정하는 경우에는 「감정평가 및 감정평가사에 관한 법률」 제2조제4호에 따른 감정평가법인 등이 리모델링 전후의 재산 또는 권리에 대하여 평가한 금액을 기준으로 할 수 있다.

② 분양대상 아파트의 세대별 전유면적, 공유면적, 지하주차장, 서비스면적, 층별, 호별 배치, 내부평면도, 발코니 확장가능면적과 주민공동시설을 비롯한 부대복리시설의 위치 그리고 리모델링 소요비용 등에 대하여는 귀 조합에서 제시한 설계도면과 자금운용계획 등 자료에 의거한다.

③ 종후자산인 분양대상 아파트에 대한 대지비 및 건축시설에 대한 추산액 감정평가는 인근지역이나 동일수급권내 유사지역의 분양사례 · 거래사례 · 감정평가사례를 참고하여 감정평가 한다.

④ 분양대상 아파트의 대지소유권은 「집합건물 소유 및 관리에 관한 법률」 제20조~제22조와 권리변동계획 기준에 따라 건축물의 전유면적 비율에 의하여 적정하게 안분될 것을 전제로 건물의 구분소유권과 그 대지권을 일체로 하여 일괄 감정평가 한다.

⑤ 조합원 분양가의 산정으로서 감정평가 목적을 고려하여 원가를 고려한 거래사례비교법을 적용하여 감정평가 하였는바, 리모델링사업 후 발생되는 일반분양가격과는 차이가 있다.

2) 분양예정인 대지 및 건축물의 원가추산액 결정

(1) 원가에 산입될 종전 토지 · 건물의 평가액

① 종전자산 평가금액

구분	세대수	감정평가액(원)
아파트 종전자산	770	1,003,646,000,000
상가 종전자산	–	–

② 원가에 산입될 종전 토지 · 건물의 평가액

구분	감정평가액(원)	비고)
아파트 종전자산평가액	1,003,646,000,000	770세대
상가 종전자산평가액	-	-
소계	1,003,646,000,000	
아파트 매도청구(현금청산)	0	0세대
상가 매도청구(현금청산)	-	-
소계	-	
원가에 산입할 종전자산평가액(아파트)	1,003,646,000,000	770세대(비례율 산정)
원가에 산입할 종전자산평가액(상가)	-	-

※ 아파트 및 상가 매도청구 금액은 감정평가금액으로 한다.

(2) 사업 소요비용

(단위 : 원)

사업비 항목	예산(안)	산출근거	비고
공사비	331,360,240,395	163,991㎡/3.3058㎡×6,679,700원	
미술장식품 설치비	331,360,240	미술장식품 설치비 추정액 공사비의 1/1,000	
측량비	75,000,000	지적측량 추정액	
지질조사비	31,000,000	지질조사비 추정액	
설계비	2,849,000,000	163,991㎡×57,000원/3.3㎡ 추후 설계 변경 예정에 대한 추정액	
건축 감리비	4,700,000,000	도급공사비×0.80×2.25%×1.1×80.45%	
전기/소방/통신 감리비	2,000,000,000	전기, 소방, 통신 감리용역 추정액	
구조 감리비	100,000,000	구조감리용역 추정액	
철거 감리비	200,000,000	철거감리용역 추정액	
추진위원회 운영비	7,000,000		
조합 운영비	2,403,000,000	현재까지 사용예산 9.8억+1,900만원 10개월, 2,500만원 49개월)	
총회 개최비	700,000,000	청산시까지 총회비용 추정액	
신탁등기/해지비	497,000,000	신탁등기 및 해지 추정액	
보존 등기비	2,120,000,000	일반분양 토지 및 건물 취득세 (법무사 보수 포함) 추정액	
감정평가비	1,200,000,000	조합원 종전/종후 평가, 수수료의 80% 적용 조합원 종전/종후 평가, 법인세 평가수수료 추정액	

사업비 항목	예산(안)	산출근거	비고
정비사업전문관리업비	1,643,490,000	계약에 의함	
리모델링사업관리 및 기술자문	700,000,000	리모델링사업관리 및 기술자문용역 추정액	
교통영향평가비	80,000,000	계약에 의함 실제 금액 확인 요망/1회 추가용역 포함해서 계산	
기타 평가비용	180,000,000	친환경인증, 수수료 등 추정액	
교육환경영향평가비	70,000,000	계약에 의함	
법률용역비 및 소송비용	538,750,000	각종 소송, 매도청구, 명도소송 (전체세대 25%) 추정액	
인허가 및 업무추진비	426,800,000	주택형신청서 징구 등 추가 이주관리용역(공가관리 포함) 세대당 40만원 추정액	
세무회계 용역비	133,841,000	기장대행, 세무신고/조정, 외부회계감사 등 추정액	
광역교통시설 부담금	622,458,000	광역교통시설 부과금액	
학교용지 부담금	1,271,160,000	학교용지 부담금 추정액 일반분양금의 0.8%	
상하수도원인자분담금	151,000,000	상수도원인자 부담금 부과금액 및 하수도원인자 부담금 추정액	
지역난방 시설부담금	440,100,000	지역난방 시설부담금 추정액 기존 ㎡당 7,050원, 신축 ㎡당 14,040원	
도시가스시설 부담금	10,300,000	도시가스시설 부담금 추정액 증가세대수×10만원	
분양보증 수수료	1,588,950,000	분양보증 수수료 추정액 일반분양가의 1% 적용	
분양대행 수수료	339,900,000	분양대행 용역수수료 추정액 103세대×300만원	
분양광고 홍보비	200,000,000	일반분양가의 0.13% 적용	
모델하우스 설치비	400,000,000	모델하우스/사이버 설치비 추정액	
민원처리비	200,000,000	사업시행중 발행하는 민원처리에 대한 추정액	
성남시 기금 대여금 및 이자	2,900,000,000	사용검사 후 상환하는 원금 및 이자 추정액	
예비비	2,000,000,000	사업비 항목 부족분 및 미편성 사업비(폐기물처리, 인허가비용, 성과금, 사업추진 상 필요한 추가 용역, 금융자문료, 금융비용 등)에 충당	

사업비 항목	예산(안)	산출근거	비고
조합사업비금융비용	3,682,740,805	조합사업비 금융비용 추정액 포스코건설 도급공사비, 이주비 대출이자, 분담금 대출이자 등 조합원이 공통으로 부담하는 금융비용을 제외한 사업비 대출금 ×6%/2	
합 계	366,153,090,440	공사비 + 사업비 + 금융비용	

(3) 토지 건물 배분

① 토지 부문

(단위 : 원)

항 목	금액	배분대상	아파트 배분액	상가 배분액
택지비 (종전자산 감정평가액)	1,003,646,000,000	-	1,003,646,000,000	-
철거감리비	200,000,000	-	200,000,000	-
지질조사비	31,000,000	-	31,000,000	-
지적측량비	75,000,000	-	75,000,000	-
안전진단비, 안전성검토비				
매도청구 청산비용 등				
매도청구세대 매입비				
소 계	1,003,952,000,000	-	1,002,952,000,000	-

② 건물 부문

(단위 : 원)

항 목	금액	배분대상	아파트 배분액	상가 배분액
건축공사비	331,360,240,395	-	331,360,240,395	-
건축감리비	4,700,000,000	-	4,700,000,000	-
감리비(전기, 소방, 통신)	2,000,000,000	-	2,000,000,000	-
감리비(구조)	100,000,000	-	100,000,000	-
설계비	2,849,000,000	-	2,849,000,000	-
친환경 인증				
디자인 심의				
에너지 효율등급 관련				
소 계	341,009,240,395		341,009,240,395	

③ 공통 부문

(단위 : 원)

항목	금액	배분대상	아파트배분액	상가배분액
추진위원회운영비	7,000,000		7,000,000	
사업관리 및 기술자문	700,000,000		700,000,000	
조합운영비(임차료 포함)	2,403,000,000		2,403,000,000	
신탁등기 및 해지비	497,000,000		497,000,000	
보존등기비	2,120,000,000		2,120,000,000	
법률용역 및 소송비용	538,750,000		538,750,000	
정비사업전문관리용역비	1,643,490,000		1,643,490,000	
총회비용	700,000,000		700,000,000	
감정평가수수료	1,200,000,000		1,200,000,000	
세무회계용역비 등	133,841,000		133,841,000	
이주/공가관리비	426,800,00		426,800,000	
교통영향평가 (교통분석개선대책)	80,000,000		80,000,000	
교육환경 및 기타평가	250000000		250000000	
문화재지표조사				
광역교통시설부담금	622,458,000		622,458,000	
인입공사분담금 (상수,가스,전기) 하수도원인자부담금 지역난방인입부담금	601,400,000		601,400,000	
학교용지부담금	1,271,160,000		1,271,160,000	
분양대행 수수료	339,900,000		339,900,000	
분양광고 홍보비	200,000,000		200,000,000	
모델하우스설치비	400,000,000		400,000,000	
조합납부부가세				
법인세				
민원대책비	200,000,000		200,000,000	
분양보증수수료	1,588,950,000		1,588,950,000	
성남시기금대여금및이자	2,900,000,000		2,900,000,000	
조합사업비금융비용	3,682,740,805		3,682,740,805	
예비비	2,000,000,000		2,000,000,000	
소계	24,837,850,045		24,837,850,045	

④ 별도 배분

(단위 : 원)

항목	금액	배분대상	아파트배분액	상가배분액
매입부가세				
설계비 매입부가세				
합 계				

⑤ 원가총액

(단위 : 원)

구분	토지부분	건물부분	공통부분	원가총액
아파트	1,003,952,000,000	341,009,240,395	24,837,850,045	1,369,799,090,440
상가	-	-	-	-

(4) 공통 부문 원가의 분양예정대지 및 건축시설에 대한 배분

조합에서 제시한 자금운용계획서를 참고하여 공통 부문은 토지 부문과 건물 부문의 금액비율로 각각 배분하여 아래와 같이 분양예정대지 및 건축시설 추산액을 산정하였다.

■ 아파트 공통 부문의 원가 배분

(단위 : 원)

구분	항목별 금액	배분비율	공통금액 배분액	소계
토지	1,003,952,000,000	0.75	18,628,387,534	1,022,580,387,534
건물	341,009,240,395	0.25	6,209,462,511	347,218,702,906
합계	1,344,961,240,395	1.00	24,837,850,045	1,369,799,090,440

■ 상가 공통부분의 원가 배분

(단위 : 원)

구분	항목별 금액	배분비율	공통금액 배분액	소계
토지	-	-	-	-
건물	-	-	-	-
합계	-	-	-	-

(5) 아파트 분양예정대지 및 건축시설 추산액의 총원가 배분내역

■ 아파트 원가배분 금액

(단위 : 원)

구분	금액	비고
토지 귀속분	1,022,580,387,534	
건물 귀속분	347,218,702,906	
합 계	1,369,799,090,440	

■ 매입부가세를 고려한 아파트 원가배분 금액

(단위 : 원)

아파트 원가배분 기준	매입부가세	총금액
-	-	-

(6) 상가 분양예정대지 및 건축시설 추산액의 총원가 배분내역

■ 상가 원가배분 금액

(단위 : 원)

구 분	금액	비고
토지 귀속분	-	-
건물 귀속분	-	-
합 계	-	-

■ 매입부가세를 고려한 상가 원가배분 금액

(단위 : 원)

상가 원가배분 기준	매입부가세	총금액
-	-	-

3) 원가법에 의한 분양예정자산 주택의 기준가액 단가 산출

(1) 아파트 기준가액(단가) 산출

구분	총추산액기준	매입부가세 배제시
추산총액(원)	1,369,799,090,440	
매입부가세 등(원)		
배분기준금액(원)	1,369,799,090,440	
총전용면적(㎡)	67,921.64	
평균단가(원/㎡)	20,167,344	

* 매입부가세 배제한 총원가 추산액을 기준으로 총 공급면적당 기준단가를 산출하였음. 따라서 국민주택 규모 이상의 아파트의 경우에는 매입부가세를 가산하여 원가를 산정하여야 한다.

4) 거래 사례 비교법에 의한 기준세대 기준단가 결정

(1) 기준세대 선정

기준세대는 감정평가대상 아파트 중 표준이 되는 아파트로서 아파트 가치형성요인인 규모(타입)과 층, 향, 위치, 조망권, 일조권, 소음, 사생활침해 등에서 표준이 되는 호수를 단지 내에 세대수, 향 등을 고려하여 84A1타입(전용 84.54㎡)기준세대로 하되,

가치형성요인인 층, 향, 일조, 소음, 사생활침해, 접근성 등에서 표준이 되는 제307동 내 10층 1호라인 1001호(전용 84.54㎡, 남향)을 기준세대로 선정하였다.

기준세대	전용면적(㎡)	공용면적(㎡)	공급면적(㎡)	향별
307동 1호 라인 10층, 1001호	84.54	33.02	117.56	남향

(2) 거래사례비교법에 의한 기준세대 비준단가 결정

① 기준세대 단가산정개요

기준세대의 적정 감정평가액을 결정함에 있어 기준세대와 물적, 위치적 유사성이 인정되고, 비교적 최근의 거래사례로 인정되는 인근지역 단지 내 거래사례를 이용하여 기준세대의 현황에 맞게 사정보정, 시점수정, 가치형성요인 비교 등의 과정을 거쳐 거래사례비교법으로 기준세대의 가액(전용면적 기준단가, 원/전용㎡)를 산정하였다.

> 기준세대 단가(원/전용㎡)
> = 거래사례단가(원/전용㎡)×사정보정×시점수정×가치형성요인(외부×건물×개별 등)

② 거래사례의 선정

상기의 거래사례 중 본건 기준세대(제307동 제10층 제1001호)와 층, 위치, 면적 등이 유사하고, 최근 거래사례로서 본건 아파트단지와 비교가능성이 높은 백현동 백현7단지 휴먼시아 705동 1202호와 705동 2103호(거래사례 기호#1, 거래사례 기호#2)를 각각 거래사례로 선정하였다.

일련 번호	동호수	전용면적 (㎡)	공급면적 (㎡)	거래가액(원)	거래단가 (원/㎡)	거래시점
1	705-1202	84.73	111.0162	1,830,000,000	21,598,017	21.10.31
2	705-2103	84.73	111.0162	1,830,000,000	21,598,017	22.02.05

③ 사정보정

선정한 거래사례는 인근 유사아파트의 거래사례, 감정평가사례, 호가수준 및 가격추이 등을 고려할 때 특별한 사정개입이 없는 것으로 판단되어 별도의 사정보정은 없다. (1.000)

④ 시점수정

한국부동산원의 전국주택가격동향조사 발표자료 중 당해 지역의 아파트 거래가격 동향을 가장 잘 반영한다고 사료되는 성남시 분당구 아파트 매매가격지수를 적용하였다.

거래사례	(거래시점) 매매가격지수	(기준시점) 매매가격지수	시점수정치	비고
거래사례 기호1	(2021년 10월) 103.3	(2022년 4월) 104.7	1.01355	104.7/103.3
거래사례 기호2	(2022년 02월) 104.8	(2022년 4월) 104.7	0.99905	104.7/104.8

⑤ 가치형성요인비교

거래사례의 가격을 기준으로 대상과 외부요인, 건물요인, 개별요인 등을 비교하여 대상의 비교요인치를 구하였다.

■ 외부요인 : 본건 및 거래사례의 가치형성요인 격차는 아래와 같다.

조건	항 목	격차율 (대상/사례#1)	격차율 (대상/사례#2)
가로조건	가로의 폭, 구조 등의 상태	1.00	1.00
접근조건	도심과의 거리, 교통시설의 상태	0.93	0.93
	상가의 배치 상태		
	공공 및 편익시설의 배치상태		
환경조건	기상조건	0.9	0.9
	자연환경		
	사회환경		
	공급 및 처리시설의 상태		
	위험 및 혐오시설		
	재해발생의 위험성		
	공해발생의 정도		
획지조건	획지상태	1.00	1.00
행정조건	행정상의 규제정도	1.00	1.00
기타조건	기타	1.00	1.00
누계		0.837	0.837

■ 건물요인 : 본건 및 거래사례의 가치형성요인은 아래와 같다.

조건	항 목	격차율 (대상/사례#4)	격차율 (대상/사례#9)
시공상태	전체 건물의 기초, 벽체의 방습, 방음, 단열 및 안전성 등	1.05	1.05
설계, 설비	설계에 따른 구조상의 양부와 각종 설비의 유무, 종류, 수준 등	1.05	1.05
노후도	준공시점, 입주시점 등 실제 경과 연수 및 잔존내용연수	1.05	1.05
공용시설	주차시설 규모, 집회실, 현관시설, 놀이시설, 노인정	1.05	1.05
규모 및 구성비	건물의 층수, 총 세대수, 각 평형별 구성비	1.00	1.00
건물용도	대상건물이 주상복합용인가 주거 단일 용도인가와 현재 이용 상태	1.00	1.00
관리체계	관리체계 및 관리현황	1.00	1.00
누계		1.216	1.216

■ 개별요인 : 본건 단지 내 거래사례로서 층, 위치 등 개별요인에서 유사하다.

■ 거래사례 백현동 백현마을7단지 휴먼시아705동1202호 (#1)

구분	타입 (전용/㎡)	층	향	대지권 보정	위치별 지수						가치형성요인
					일조	접근성	소음	조망 및 개방감	공용	소계	
사례 #1	84.73	12	남서	-	보통	보통	보통	보통	보통	-	-
기준 세대	84.54	10	남	-	보통	보통	보통	보통	보통	-	-
비교치	1.00	0.99	1.05	1.000	1.000	1.000	1.000	1.000	1.000	1.000	1.040

■ 거래사례 백현동 백현마을7단지 휴먼시아705동2103호 (#2)

구분	타입 (전용/㎡)	층	향	대지권 보정	위치별 지수						가치형성요인
					일조	접근성	소음	조망 및 개방감	공용	소계	
사례 #2	84.73	21	남서	-	보통	보통	보통	보통	보통	-	-
기준 세대	84.54	10	남	-	보통	보통	보통	보통	보통	-	-
비교치	1.00	0.95	1.05	1.000	1.000	1.000	1.000	1.000	1.00	1.00	0.998

⑥ 그밖의 요인 보정

인근지역의 거래사례 및 감정평가사례, 본건의 시세변동추이, 감정평가목적(조합원분양가) 등을 종합 참작하여 그 밖의 요인을 보정하였다. (0.900)

⑦ 거래사례비교법에의한 기준세대 비준가액 단가결정

구분	거래단가 (원/전용㎡)	사정 보정	시점 수정	가치형성요인				산출단가 (원/전용㎡)	적용단가 (원/전용㎡)
				외부 요인	건물 요인	개별 요인	그 밖의 요인		
사례 #1	21,598,017	1.00	1.01355	0.837	1.216	1.040	0.90	20,854,219	20,055,000
사례 #2	21,598,017	1.00	0.99905	0.837	1.216	0.998	0.90	19,725,734	

5) 시산가액의 조정 및 아파트 기준세대가액 결정

(1) 각 방식에 의한 산출 시산가액 단가(전용㎡)

원가방식에 의한 평균단가 (매입부가세 제외)	거래사례비교법에 의한 84타입 시산단가
20,167,344원/㎡	20,055,000/㎡

(2) 기준세대의 가액결정

원가방식에 의한 가격과 비준가격을 비교하되 조합원의 분담금 산정을 위한 구분건물의 종후 분양가 감정평가임을 고려하여 비교방식에 비중을 두어 기준세대의 감정가액(단가)을 20,055,000원/㎡으로 결정하였다.

6) 각 세대별 효용지수의 산정

(1) 규모별 효용지수

인근 유사아파트 거래사례, 시세자료에서와 같이 아파트의 규모별 가격 격차가 발생하고 있다. 이러한 가격 격차의 발생요인은 아파트의 세대수, 아파트 수요자 및 부동산 시장의 경향, 단지의 위치, 규모별 설계 등 여러 요인에 의하여 결정되며, 기준시점 현재 부동산 시장의 경향은 부동산의 매매 및 임대의 편의성, 투자자의 소형 선호도 증가, 관리의 난이성, 세대별 설계의 최적화로 인하여 소규모의 아파트가 중, 대형 아파트에 비하여 높은 거래단가를 보이고 있다.

특히, 과거의 연구 및 평가사례는 대형타입이 소형타입 대비 상당한 우세를 보여왔으나, 실제 부동산시장의 규모별 효용지수는 인근지역의 거래사례에서 단가 비교를 통해 객관적으로 확인된 바와 같이 부동산 시장의 하향 안정, 가족수 변화 및 베란다 확장, 규모별 선호도 변화, 투자 규모, 리모델링사업의 진행 등에 따라 상기와 같이 소형의 규모별 단가가 대형의 규모별 단가에 비해 우세한 경향이 있음을 반영하여 규모별 효용지수를 결정하였다.

(2) 타입별 효용지수

타입(평면배치도, 베이구조, 주차장, 개방감, 통풍, 동간섭, 발코니 확장 등)별 효용지수는 면적이 동일 또는 유사하더라도 규모 외 타입별 배치도, 베이구조, 단층복층,

거실폭, 주방배치 통풍, 증축비율, 신축여부, 전실유무, 주차장이용의 편리성, 동간 간섭 및 개방감, 발코니 확장비율, 거실폭 등이 아파트 가치형성요인으로 작용하고 있으므로 이를 고려하여 타입별 효용지수에 반영하였다.

(3) 세대별 효용지수 결정 방법

아파트는 통상 층별, 향별, 위치별, 구조별 효용에 따라 일조, 조망, 소음, 프라이버시 침해 등의 영향을 받고 있으며 이로 인해 동일 타입이라도 가격수준을 달리하는 바, 이에 따라 본건 아파트의 각 세대별 효용을 결정하되, 본건이 리모델링 대상 아파트인 점을 고려하였다.

> 세대별 효용지수
> =(층별 효용지수×50%)+(향별 효용지수×20%)+(위치별 효용지수×30%)

* 위치별 효용지수=(일조×30%)+(조망×20%)+(소음×10%)+(사생활×10%)+(접근성×20%)
+(구조 등×10%)

(4) 세대별 효용지수 결정

(후첨, 세대별 감정평가액 산출근거 참조)

7) 세대별 감정평가액 결정

(1) 세대별 감정평가액 결정 방법

이와 같이 수집된 제반자료, 즉 확인자료, 요인자료, 사례자료 등을 분석, 검토하고 본 단지의 특성, 리모델링으로 인한 장래효용성 및 기타 가격형성상의 제 사항을 종합·참작하여 각 세대별 가액을 결정하되 원가법에 의한 시산가액은 1,369,799,090,440원으로 토지원가에 공사비와 사업비를 합하여 결정하였으나 사업시행자가 제시한 자금운용계획서의 원가구성은 리모델링 특성상 이주 후 2차안전진단 결과를 반영하여 최종 공사비와 보수보강비 등 사업비가 결정된다는 점을 고려할 때 상당부분 미확정상태이다.

따라서 아파트 단지 내에 대표성이 있는 기준세대를 선정한 후 거래사례비교법으로 기준세대의 기준단가(원/전용㎡)를 결정하고 기준세대와 각동별 호수별 규모와 타입별 기준단가에 향별, 층별, 위치별 효용지수를 적용하는 비준가액인 1,402,631,000,000원으로 감정평가액을 결정하였다.

> 세대별 감정평가액
> =전용면적×타입별 기준단가×세대별 효용지수(층별, 향별, 위치별 효용지수의 가중합계)

(2) 세대별 감정평가액 예시

타입	세대수	구분	감정평가가액(원)	단가(원)
74A1-동	7	최고	1,612,000,000	51,468,710
		최저	1,462,000,000	46,679,438
		평균	1,489,900,000	47,570,242
		합계	29,798,000,000	
		격차	150,000,000	1.10
74A1-서	44	최고	1,569,000,000	50,095,785
		최저	1,408,000,000	44,955,300
		평균	1,441,800,000	46,034,482
		합계	28,836,000,000	
		격차	161,000,000	1.11
74A2-남	30	최고	1,732,000,000	55,124,124
		최저	1,529,000,000	48,663,271
		평균	1,594,530,000	50,748,886
		합계	159,453,000,000	
		격차	203,000,000	1.13
74A2-동	22	최고	1,635,000,000	52,036,919
		최저	1,479,000,000	47,071,928
		평균	1,508,800,000	48,020,369
		합계	60,352,000,000	
		격차	156,000,000	1.11
74A2-서	22	최고	1,585,000,000	50,445,576
		최저	1,423,000,000	45,289,624
		평균	1,458,500,000	46,419,478
		합계	29,170,000,000	
		격차	162,000,000	1.11
66A1-남	80	최고	1,572,000,000	55,943,060
		최저	1,404,000,000	49,964,412
		평균	1,445,350,000	51,435,943
		합계	115,628,000,000	
		격차	168,000,000	1.12
66A1-1	25	최고	1,571,000,000	55,967,224
		최저	1,410,000,000	50,231,563
		평균	1,446,120,000	51,518,346
		합계	36,153,000,000	
		격차	161,000,000	1.11

타입	세대수	구분	감정평가가액(원)	단가(원)
66A1-동	15	최고	1,464,000,000	52,099,644
		최저	1,328,000,000	47,259,786
		평균	1,352,666,667	48,137,603
		합계	20,290,000,000	
		격차	136,000,000	1.10
66A1-남동	10	최고	1,519,000,000	54,056,939
		최저	1,387,000,000	49,359,430
		평균	1,411,700,000	50,238,434
		합계	14,117,000,000	
		격차	132,000,000	1.10
74A1-남	100	최고	1,730,000,000	55,236,270
		최저	1,518,000,000	48,467,432
		평균	1,589,040,000	50,735,632
		합계	158,904,000,000	
		격차	212,000,000	1.14
74A1-동	7	최고	1,612,000,000	51,468,710
		최저	1,462,000,000	46,679,438
		평균	1,489,900,000	47,570,242
		합계	29,798,000,000	
		격차	150,000,000	1.10
74A1-서	44	최고	1,569,000,000	50,095,785
		최저	1,408,000,000	44,955,300
		평균	1,441,800,000	46,034,482
		합계	28,836,000,000	
		격차	161,000,000	1.11
74A2-남	30	최고	1,732,000,000	55,124,124
		최저	1,529,000,000	48,663,271
		평균	1,594,530,000	50,748,886
		합계	159,453,000,000	
		격차	203,000,000	1.13
74A2-동	22	최고	1,635,000,000	52,036,919
		최저	1,479,000,000	47,071,928
		평균	1,508,800,000	48,020,369
		합계	60,352,000,000	
		격차	156,000,000	1.11

타입	세대수	구분	감정평가가액(원)	단가(원)
74A2-서	22	최고	1,585,000,000	50,445,576
		최저	1,423,000,000	45,289,624
		평균	1,458,500,000	46,419,478
		합계	29,170,000,000	
		격차	162,000,000	1.11
74A2-1	15	최고	1,584,000,000	50,445,859
		최저	1,420,000,000	45,222,929
		평균	1,457,300,000	46,410,828
		합계	29,146,000,000	
		격차	164,000,000	1.12
74A3	15	최고	1,603,000,000	51,116,071
		최저	1,405,000,000	44,802,295
		평균	1,467,850,000	46,806,441
		합계	29,357,000,000	
		격차	198,000,000	1.14
74A5	10	최고	1,617,000,000	51,529,636
		최저	1,432,000,000	45,634,161
		평균	1,483,850,000	47,286,488
		합계	29,677,000,000	
		격차	185,000,000	1.13
84A1-남	10	최고	1,862,000,000	52,362,204
		최저	1,658,000,000	46,625,421
		평균	1,714,050,000	48,201,631
		합계	137,124,000,000	
		격차	204,000,000	1.12
84A1-7-남	25	최고	1,863,000,000	52,375,597
		최저	1,667,000,000	46,865,335
		평균	1,710,000,000	48,074,219
		합계	76,950,000,000	
		격차	196,000,000	1.12
84A1-7-동	15	최고	1,765,000,000	49,620,466
		최저	1,594,000,000	44,813,044
		평균	1,627,466,667	45,753,912
		합계	24,412,000,000	
		격차	171,000,000	1.11

타입	세대수	구분	감정평가가액(원)	단가(원)
84A1-1	10	최고	1,799,000,000	50,462,833
		최저	1,636,000,000	45,890,603
		평균	1,670,500,000	46,858,345
		합계	16,705,000,000	
		격차	163,000,000	1.10
84A1-2	10	최고	1,802,000,000	50,603,762
		최저	1,633,000,000	45,857,905
		평균	1,673,600,000	46,998,034
		합계	16,736,000,000	
		격차	169,000,000	1.10
84A1-5	10	최고	1,783,000,000	49,971,973
		최저	1,635,000,000	45,823,991
		평균	1,663,000,000	46,608,744
		합계	16,630,000,000	
		격차	148,000,000	1.09
84A2-남	80	최고	1,850,000,000	52,024,746
		최저	1,654,000,000	46,512,935
		평균	1,701,912,500	47,860,306
		합계	136,153,000,000	
		격차	196,000,000	1.12
84A2-남동	10	최고	1,791,000,000	50,365,579
		최저	1,633,000,000	45,922,384
		평균	1,663,200,000	46,771,653
		합계	16,632,000,000	
		격차	158,000,000	1.10
84A2-동	15	최고	1,731,000,000	48,678,290
		최저	1,569,000,000	44,122,609
		평균	1,599,133,333	44,970,003
		합계	23,987,000,000	
		격차	162,000,000	1.10
84A4-1	13	최고	1,850,000,000	51,907,968
		최저	1,693,000,000	47,502,805
		평균	1,722,000,000	48,316,498
		합계	22,386,000,000	
		격차	157,000,000	1.09

타입	세대수	구분	감정평가가액(원)	단가(원)
84A4-2	27	최고	1,992,000,000	55,860,908
		최저	1,803,000,000	50,560,852
		평균	1,842,888,889	51,679,441
		합계	49,758,000,000	
		격차	189,000,000	1.10
84A6	17	최고	2,009,000,000	56,527,855
		최저	1,802,000,000	50,703,432
		평균	1,864,470,588	52,461,187
		합계	31,696,000,000	
		격차	207,000,000	1.11
84A6-307	17	최고	1,983,000,000	55,796,285
		최저	1,808,000,000	50,872,256
		평균	1,841,352,941	51,810,718
		합계	31,303,000,000	
		격차	175,000,000	1.10
84A6-2	14	최고	1,964,000,000	55,184,040
		최저	1,798,000,000	50,519,808
		평균	1,832,000,000	51,475,133
		합계	25,648,000,000	
		격차	166,000,000	1.09
84C2	20	최고	1,860,000,000	52,394,366
		최저	1,714,000,000	48,281,690
		평균	1,781,500,000	50,183,098
		합계	35,630,000,000	
		격차	146,000,000	1.09
전체	873	최고	2,009,000,000	
		최저	1,328,000,000	
		평균		
		합계	1,402,631,000,000	
		격차	681,000,000	

4.2 종후자산 감정평가 시 유의사항

1) 개요

리모델링으로 새롭게 태어난 리모델링 후 종후아파트는 기존건물을 존치하면서 동별 또는 라인별로 일부를 절단하거나 달아내는 방식으로 증축이 이루어지므로 리모델링 후에 다양한 타입으로 변경되므로 종후자산 감정평가는 동별 라인별로 보다 신중한 접근을 필요로 한다.

종후감정평가는 기준세대를 선정한 후 거래사례비교법에 의한 기준세대 전유면적당 단가를 결정하고 기준세대와 각 세대의 규모별(타입), 향별, 층별, 위치별 효용지수를 적용하여 세대별 감정평가격을 결정한다.

이때 적용하는 컴퓨터 시뮬레이션 기법의 활용 시 그 데이터의 한계와 과부족에 유의하여 감정 평가하여야 하므로 감정평가사로서 많은 경험과 노하우를 필요로 한다.

2) 세대별 아파트 감정평가액 산정시 유의사항

① 리모델링 후 라인별 동별 간섭에 유의

② 1층과 최상층의 층별 효용비율에 유의

③ 일반조망과 특별조망의 구분과 적용에 유의

④ 천장고와 층고 차이에 유의

⑤ 동별 필로티 유무에 유의

⑥ 엘리베이터 연결과 지중 지하 동선

⑦ 증축비율 차이에 유의

⑧ 새로이 조성되는 주민출입구와 주차장출입구

⑨ 기존 시설과 새로이 조성되는 복리시설

⑩ 전면창과 후면창의 조망 비율 등

5. 세대별(호별) 분담금 결정

5.1 비례율

비례율은 리모델링사업으로 인해 발생하는 개발이익 즉 총수익과 조합원의 종전자산 평가액과의 비율이다. 이를 산식으로 표현하면,

비례율 (%) = (총수입 – 총비용) ÷ 종전자산평가액 × 100 이다.

5.2 조합원 권리가액

조합원의 권리가액은 종전자산평가액에 비례율을 곱하여 산정하며,

권리가액 = 종전자산 비례율이 된다.

5.3 조합원 분담금결정 및 유의사항

조합원의 분담금은 분양받을 아파트 분양가격에서 권리가액을 공제하면

(분담금 = 조합원분양가 – 권리가액) 된다. 이때 지역별 평형별지수를 종후 감정평가에서 그대로 적용할 경우 자칫 소형 평형이 과도하게 많은 금액을 부담하는 결과를 낳을 수 있음에 유의해야 한다.

리모델링 감정평가는 정비사업의 종후 분양가 산정과는 차별화하여야 한다. 왜냐하면 재건축은 추첨과 본인의 선택에 의해 입주할 평형과 호수가 결정되지만 리모델링은 처음부터 자신의 집에 그대로 입주하면서도 증축면적이나 타입 등에서 본인의 선택권이 많은 제약을 받기 때문이다.

따라서 리모델링 종후 감정평가는 조합원이 부담해야 할 총원가에서 일반분양수입을 공제한 금액을 전체조합원이 합리적으로 부담할 수 있도록 하여야 한다.

5.4 비례율 계산(예시)

① 종후 분양가액 : 1,402,631,000,000원
② 리모델링사업비 : 366,153,090,440원
③ 종전자산 총액 : 1,003,646,000,000원

※ 비례율

$$\frac{1,402,631,000,000\text{원} - 366,153,090,440\text{원}}{1,003,646,000,000\text{원}} \times 100 = \frac{103.27\%}{(1.03271)}$$

5.5 세대별 조합원 분담금 산정(예시)

(단위 : 원)

동별	호수	종전자산	비례율	권리가액	종후분양가	분담금
-	101	1,326,000,000	1.0327	1,369,360,200	786,651,758	266,639,800
-	201	1,333,000,000	1.0327	1,376,589,100	794,023,194	262,410,900
-	301	1,336,000,000	1.0327	1,379,687,200	798,007,754	263,312,800
-	401	1,340,000,000	1.0327	1,383,818,000	800,498,104	263,182,000
-	501	1,348,000,000	1.0327	1,392,079,600	802,091,928	264,920,400
-	601	1,352,000,000	1.0327	1,396,210,400	802,888,840	264,789,600
-	701	1,355,000,000	1.0327	1,399,308,500	803,685,752	266,691,500
-	801	1,358,000,000	1.0327	1,402,406,600	804,582,278	267,593,400
-	901	1,362,000,000	1.0327	1,406,537,400	805,379,190	280,462,600
-	1001	1,361,000,000	1.0327	1,405,504,700	805,379,190	393,495,300
-	102	1,317,000,000	1.0327	1,360,065,900	805,379,190	272,934,100
-	202	1,323,000,000	1.0327	1,366,262,100	805,379,190	268,737,900
-	302	1325,000,000	1.0327	1,368,327,500	805,379,190	268,672,500

6. 리모델링 후 투자가치 및 의사 결정

6.1 투자가치 추정 목적

리모델링사업은 장시간에 걸쳐서 많은 비용이 투자되는 사업이므로 소유자의 리모델링 사업에 대한 사업참여 의사결정이 사실상 쉽지 않다.

사업기간이 길고 변수가 많아서 사업도중 사업비의 증가로 조합원의 추가분담금이 증액되는 경우가 발생할 수도 있고 이러한 사업의 변수 때문에 리모델링사업에 참여하지 않고 애써 조합에서 오는 안내장이나 문서를 소홀히 할라치면 어느 날 갑자기 법원의 최고장을 받거나 매도청구 소장을 받고나서야 사업참여 여부를 검토하는 무관심한 소유자들도 상당수이다.

이렇듯 일반 국민들이 재건축이라는 용어는 많이 들어봤지만 리모델링이라는 용어에 대해서는 생소한 느낌이고 익숙하지 않은 단어라서 과연 리모델링을 하고나면 혹시라도 투자대비 적자가 발생하는 것은 아닌지 하는 걱정과 함께 리모델링 대신 좀 더 기다려서 재건축을 하는 것이 좋지 않겠나 하는 재건축에 대한 막연한 희망과 기대감이 없지 않아 있는 것도 부인하지 못하는 현실이다.

그러나 물리적 경제적으로 리모델링은 선택이 아닌 필수가 되어버린 시대가 도래하게 되었다. 철근콘크리트 수명이 60년이라 해도 구조체를 둘러쌓고 있는 각종 설비의 기능과 수명은 대략 15~20년 정도이므로 15~20년 주기로 리모델링을 해야만 한다.

따라서 리모델링 후 투자가치 추정의 목적은 비용편익 분석을 통해 투자자로 하여금 투자로 인한 불안감을 해소하고 보다 신속한 사업참여 여부의 의사결정에 도움을 줄 수 있기 때문이다.

6.2 투자가치 추정 방법

1) 원가방식

원가방식은 부동산에 투입된 생산비가 곧 부동산의 가치가 된다는 고전학파의 생산비 가치설에서 그 근거를 찾을 수 있다. 실제 예시로 오래된 아파트에 인테리어 공사 등 자본적 투자를 하고나면 그 인테리어 공사에 투입된 비용을 거래금액에 추가해서 거래되는 관행을 볼 수 있다.

결국 부동산의 가치는 부동산에 투입된 투입비용 즉 공급에 의해서 부동산의 가치가 결정된다는 생산비가치설이 원가방식의 근거가 된다.

그러나 부동산은 고정성의 특성이 있어서 입지의 영향을 많이 받을 수밖에 없는데 입지는 일상생활을 하는데 느끼는 교통의 편리성과 상업시설과의 접근성, 주거의 쾌적성 등으로 나타나고 있으며 사회적 선호도에 따른 지역격차와 건물의 구조와 형태에 따른 선호도에서 차이가 존재하는 것도 사실이다.

따라서 리모델링으로 인한 투자가치는 생산비 가치설에 근거한다고 해도 때로는 입지차이와 아파트 종류에 따른 선호도 차이로 과잉투자가 발생하지 않는 선에서 투자함이 합리적이라 할 수 있다.

원가방식에 의한 투자가치 추정은 비용편익 분석의 기초자료가 되어 소유자의 사업참여 여부의 의사결정에 직접적으로 도움을 줄 수 있는 방법이다.

2) 비교방식

비교방식이란 평가 대상아파트 인근지역에 위치하여 비교가능성이 높은 거래 사례가액을 기준으로 가치형성 요인을 비교하여 감정평가하는 방식을 말하며, 가치형성 요인으로는 외부 요인, 내부(건물) 요인, 개별 요인 등으로 나누어 비교하는 방법이다.

(1) 외부 요인

①도로의 폭과 포장상태, 계통의 연속성 등 가로조건, ②도심과의 거리, 교통시설의 상태, 상가의 배치상태, 공공 및 편의시설의 배치상태 등 접근조건, ③자연환경 사회환경 위험 혐오시설, 재해발생의 위험성 등 환경조건, ④획지의 표준적인 면적 획지의 정연성 건물의 조밀도 주변의 이용상태 등 획지조건, ⑤용도지역 지구 구역 등 행정조건, ⑥기타 조건 등으로 구분하여 비교한다.

(2) 내부(건물) 요인

전체 건물의 기초, 벽체의 방습 방음, 단열 및 안전성 등 시공상태, 설계에 따른 구조의 양부와 각종 설비 유무, 설비의 종류 수준 등 설계와 설비, 준공시점 입주시점, 경과년수, 잔존내용년수 등 노후도, 주민편의를 위한 커뮤니티 등 공용시설, 건물의 층수, 총세대수, 평형별 구성비 등 규모 및 구성비, 아파트 주상복합 다세대 등 이용상태, 관리체계 및 관리현황 등이 있다.

(3) 개별(호별) 요인

방의 개수와 배치, 구조 규모 등 평형별 효용, 일조·채광·조망·압박감, 프라이버시 보호, 소음, 단열, 난방, 엘리베이터 이용의 편리성 등 층별 효용과 위치별 효용, 주차장 등 공용부분의 전용사용권, 대지권의 종류와 크기 등 지분면적, 관리상태 등 개별요인이 있다.

비교방식은 신고전학파의 가치이론에서 그 이론적 근거를 찾을 수 있으며 신고전학파는 수요와 공급은 가위의 양날과 같아서 그 어느 것도 가치결정에서 도외시 할 수 없다고 보았다. 부동산의 가치도 부동산시장에서 수요와 공급에 의해 결정되며 단기에는 수요가 장기에는 공급이 가치에 영향을 미쳐 시장가치가 결정된다.

따라서 인근지역의 유사 아파트 거래가액을 비추어 평가대상 아파트의 가치를 추정해 볼 수 있으며 이때 외부요인 내부요인 개별요인을 구체적으로 비교하여 평가대상 아파트의 가치추정이 가능하고 동일단지 사례를 비교 사례로 할 경우는 가치추정이 더 정확해진다.

예를 들어 인근 신축아파트 가치와 비교하여 리모델링 후 아파트 가치를 추정하는 경우 교통 접근성, 주거환경, 교육환경, 편의공공시설 접근성, 단지의 노후도, 층수, 세대수, 커뮤니티면적, 대지권, 판상형 여부, 방배치와 주방 위치, 거실폭, 베란다 확장 여부, 지하주차장 면적, 단지내 정원과 조경 등을 비교하여 평당 단가를 구한 다음 해당면적을 곱하면 일반 조합원도 리모델링 후 아파트 가치를 유추해 볼 수 있다. 이때 부동산가치 상승기에는 거래사례 가액이 하한선이 되고 부동산 가치 하락기에는 거래사례 가액이 상한선이 됨에 유의해야 한다.

3) 수익방식

수익방식은 부동산에서 발생하는 총수익에서 운영경비를 공제한 순영업 수익을 환원이율로 환원하여 부동산의 가치를 추정하는 방법으로 재화의 가치는 생산비에 의해서 결정되는 것이 아니라 재화를 한 단위 더 소비했을 때 추가되는 효용인 한계효용에 의해 결정된다는 한계효용학파 가치이론이 수익방식의 이론적 근거가 되었다.

한계효용학파는 시장의 힘에 의해 비용과 가치가 같아지는 경향이 있기는 하지만 생산비는 매몰원가로서 가치결정에 영향을 주지 못한다고 보아 비용과 가치의 인과관계를 부정하며 수요에 의해 가격이 결정된다고 보았다.

리모델링을 통해 방 개수가 증가하여 그로 인한 월세 소득이 증가하는 경우 기존의 월세 소득에 증가한 월세소득을 합하여 전체수익을 적정한 환원이율로 환원하면 부동산

가치를 구할 수 있다. 이때 환원이율은 서울과 지방이 다르고 도심과 부도심도 다르며 구별로도 차별화되므로 지역별로 적정한 환원이율을 적용하는 것이 필요하다. 대체적으로 부동산의 가액이 높은 도심 중심부 지역은 환원이율이 작고 외곽으로 갈수록 환원이율 수치는 커진다.

예를 들어 월세 소득이 1,000만원인 원룸이 있을 경우 일반적인 평균 환원이율 5%를 적용하여 원룸의 가치를 구해보면 월세 1,000만원은 연 수익 1억 2,000만원이 되고 그중에 관리비 등 운영경비로 연 2,000만원이 소요된다면 순영업 소득은 연간 1억원이 되어 그 1억원을 환원이율 5%(0.05)로 나누면 해당 부동산의 가치는 대략 20억원이 된다. 따라서 리모델링을 통해 방개수가 증가하거나 지하주차장이 신설되는 경우 투입되는 비용과 증가하는 수익으로 인한 가치증가분을 비교하여 리모델링의 추진 여부를 결정할 수 있다.

6.3 의사결정(투자)

리모델링은 노후화된 건축물의 노후화를 억제하거나 기능향상 등을 위하여 대수선하거나 일부 증축하는 행위를 말한다.

노후화란 건축물 등이 나이가 들면서 나타나는 현상으로 구조의 균열이나 변형, 지반침하, 콘크리트 탄산화, 철근 부식 등 현상이 나타나는 것을 말하는 것으로 리모델링을 통해 노후화된 건축물의 균열이나 변형 등을 바로잡고 구조물의 보수보강을 통해 현재 신축건물의 안전도 기준에 맞추어 내진보강까지 함으로써 리모델링을 통해 리모델링 전보다 더욱더 안전한 건축물을 만들 수 있다.

기능향상이란 15년~20년 정도 경과한 건축물은 현재 신축되는 건축물과 비교할 때 기능면에서 매우 뒤처지는데 우선 지하 주차장시설만 비교해도 지하주차장이 전혀 없거나 있다 하더라도 턱없이 부족할 뿐만 아니라 주차폭도 과거 기준인 230㎝로서 현재 광폭기준인 250㎝에 비해 매우협소하고, 엘리베이터도 협소할 뿐만 아니라 안전도에서도 미흡하여 안전사고가 빈발하고 있으며 단지내 지상 층에 녹지공간과 주민휴식공간이 없어서 주민들에게 쾌적한 공간을 제공하지 못하고 있는 등 오래된 아파트 단지나 건물의 기능이 매우 낙후되어 있는 것을 현대적 신축건물의 트렌드에 맞추어 대수선하는 것을 말한다.

현재의 신축 건축물 트렌드에 맞추어 낙후된 부분은 보수보강하고 떨어진 기능을 보강한다면 리모델링 전과 비교하여 매우 쾌적한 환경에서 생활이 가능해지고 그로 인해 주거만족도가 매우 높아진다. 리모델링을 하고 다시 입주한 입주민들의 주거 만족도가 매우 높이 나타나는 것도 리모델링 전 아파트에서 불편을 감수하며 살던 때와 비교해보면 삶의 질이 매우 높아졌음을 피부로 느끼고 있기 때문이다.

리모델링을 통해 새로운 아파트로 다시 태어나는 순간 주민들은 보다 쾌적하고 안전한 아파트에서 살 수 있음은 물론이고 그로 인한 투자가치의 증가는 당연한 결과이다. 정부에서도 리모델링사업을 위한 법령정비와 정책지원 그리고 산학협력을 통한 리모델링연구단으로 하여금 저비용고효율 리모델링사업 활성화를 위한 연구를 지원하고 있다.

재건축사업이 불가능한 아파트 단지에서 구태여 삶의 불편함을 참고 또 안전하지 못한 아파트에 살면서 막연한 재건축을 기다리는 것보다 리모델링을 통해 자원도 낭비하지 않고 환경보호도 가능하며 주거환경을 쾌적하게 바꿔 삶의 질도 향상되고 덤으로 투자 수익까지 올릴 수 있는 리모델링 사업결정을 이제는 더 이상 미룰 이유가 없어졌다.

제3장
리모델링 사업비

1. 리모델링 사업비 개요
2. 리모델링 공사비
3. 리모델링 사업비

1. 리모델링 사업비 개요

1.1 리모델링 사업비 분석 단계별 흐름

리모델링 사업비 분석 단계별 흐름은 다음 표와 같다. 기획단계에서 대상건물 파악, 예비조사, 사전조사 및 진단, 리모델링 규모 및 기본방향 결정을 하게 된다. 설계 및 사업비 분석 단계에서는 기본설계 및 이에 따른 사업비를 추정하고 실시설계를 통해 리모델링 견적을 도출한다. 공사실행 단계에서는 공사계약을 체결하고, 건축신고 및 허가, 공사착공 및 준공을 하게 된다. 따라서 실제 사업비 분석으로써 견적의 도출은 2단계인 설계 및 사업비 분석단계에서 수행된다.

표 3.1 리모델링 사업비 분석 단계별 흐름

단계	항목	내용
기획단계	1) 대상건물 파악	• 개발이용 목적 • 개발 가능성 여부
	2) 예비조사	• 주변 입지여건 파악 • 대상건물 상태조사
	3) 사전조사 및 진단	• 구조물 상태에 따른 보수·보강범위 설정 • 각종 전기·설비류의 노후도 조사
	4) 리모델링 규모 및 기본방향 결정	• 발주자의 의도 수렴 • 사업규모 및 방향 결정
설계 및 사업비 분석단계	5) 기본설계 및 기본사업비 예상	• 인·허가 및 관련 법규 검토 • 기존 도면 유무 검토 • 예산규모 예상
	6) 실시설계 및 리모델링 견적	• 외장 및 구조물 보수·보강 규모 • 실행 사업비 견적
공사 실행단계	7) 공사계약 체결	• 공사계약 체결(설계변경 등) • 세부설계서와 공정표 작성 • 적격업체 선정 계약
	8) 건축신고 및 허가	• 허가도면 및 준비서류 • 신고 및 허가 유무
	9) 공사착공 및 준공	• 공사기간(설계변경 등) • 사후처리(하자보수 등)

1.2 리모델링 단계별 사업비 규모

본격적인 사업비 분석에 앞서 통상 리모델링 단계별 소요가 예상되는 사업비는 다음 표와 같이 추정해볼 수 있다. 예상 사업비 추정 시에서는 구조변경 및 증축이 수반되는 경우 신축과 달리 입주자의 이주비용이 추가되는 등 단순한 건물 공사비용 뿐만 아니라 다양한 비용이 고려되어야 한다.

표 3.2 리모델링 단계별 사업비 규모 예상

구분	리모델링 유형(수준)	사업비 예상	비고
제1단계	내부 인테리어 수준	신축비용의 20~30%	철거비 5~7%
제2단계	외장, 내장 및 전기설비공사	신축비용의 40~60%	
제3단계	내·외장과 구조변경 및 증축 수반 수준	신축비용의 • 일반건물 : 60~90% • 공동주택 : 80~120%	

1.3 리모델링 사업비 종류

1) 공사비

① 신축대비 특수항목 : <u>가설, 철거, 구조보수, 구조보강, 흙막이, 지정, 골조(증축)</u>

② 신축대비 유사항목 : 공통가설, 건축, 전기, 설비, 통신, 소방, 조경 등

2) 사업비

① 설계비 : 건축, 구조, 토목 등 설계

② 인허가 추진비 : 도시계획, 교통, 환경, 교육 등 각종 영향평가 등

③ 사업추진비 : 운영비, 분양경비, 행사(총회)비, 제세공과금, 감정평가 등

④ 금융비용

1.4 리모델링 견적

1) 리모델링의 유형(범위)

① 증축형 리모델링(성형수술)

공사비는 다양-공사비 상승 가능

② 유지관리형 리모델링(건강피부 관리)

㉠ 기존 기능 유지 목적

㉡ 공사비는 거의 일정-공사비 절감

2) 리모델링의 주요 공정내용

① 가설공사비-저층과 고층에 따라 공사비 편차가 크다.

② 외벽공사비-재료에 따른 금액의 편차가 크다.

③ 구조보강비-구조물에 따라 많은 편차가 있다.

④ 설비공사비-기존 냉·난방이 있는 경우와 없는 경우에 따라 금액 편차가 있다.

⑤ 전기공사비-전기용량 변경이 있는 경우와 없는 경우에 따라 금액 편차가 있다.

⑥ 기타 비용-정화조 용량 변경 등에 따라 금액 편차가 있다.

3) 리모델링 견적시 Risk 검토

① 가설공사비

㉠ 저층형-가설비와 자재운반비가 상대적으로 적게 든다.

㉡ 고층형-가설비가 상대적으로 많이 든다.

㉢ 10층 이상의 경우 자재운반 및 콘크리트 장비 등의 가설비용에 따른 금액이 많이 든다.

② 기존 시설 이용 시에는 임대자와의 분쟁이 공사에 큰 변수가 된다.

임대자가 있는 상태에서 공사시 공기중단 및 지연 등의 문제 발생 가능

③ 구조물의 현지실사 철거 후 구조보강비 증가 및 기존 구조설계와 실제 구조와의 차이 시 공사비 증가 요인이 발생할 수 있다.

④ 공사도중 건축주의 잦은 설계변경에 따른 공사비·공사기간 증가 문제

⑤ 기존 자료가 부실한 상태의 견적에 따른 추가 공사비 증가 문제

⑥ 최초 준공 후 15년에 리모델링한 후 재리모델링할 경우의 문제

⑦ 리모델링 설계의 경우 경험이 없고, 견적서 제출 후 실제 공사 시 도면이 많이 바뀌는 문제

4) 리모델링 견적 시 단계별 검토

① 사업기획단계 시 검토사항

리모델링 사업의 기획단계에서의 검토할 사항 및 내용은 아래 표와 같다

구분	분석내용
1. 사업계획 수립	1) 동기의 적합성 2) 사업의 투자 타당성 분석
2. 발주자 의도 파악	1) 발주자 의도와 현재여건 분석 2) 발주자의 경제적 규모
3. 투자가치 효율성 분석	1) 투자의 타당성 분석 2) 대안별 투자비 분석
4. 리모델링 범위 설정	1) 내부 인테리어 수준 2) 외장, 내장 및 전기설비공사 수준 3) 내 · 외장과 구조변경 및 증축수반 수준
5. 리모델링 방식 설정	1) 리모델링 단계에 맞는 방식 결정 2) 리모델링 유형과 규모에 맞는 방식 설정
6. 현장조사	1) 입지분석 2) 건물현황조사 3) 관련법규 검토

② 현장조사 및 진단 시 견적 검토사항

리모델링 대상의 견적을 위한 현장 조사 검토할 사항은 아래 표와 같다

구분	내 용
1. 현장 기본조사	1) 리모델링은 현장 기본조사가 가장 중요 2) 현장의 입지 여건, 구조물의 노후도 상태 파악
2. 기존 도면확보 여부	1) 기존 도면이 있는 경우 : 기존 도면 보완 후 사용 2) 기존 도면이 없는 경우 : 구조체의 치수, 철근의 치수, 배근 상황, 재료강도 등을 조사 설계도서 작성 후 진단 및 견적
3. 구조물의 상태조사	1) 보수, 보강 여부 판단 후 견적
4. 각 부분의 노후화 정도 조사	1) 노후화 정도에 따라 견적기준이 다름
5. 전기 및 설비 노후화 상태조사	1) 각 부분별 설비기능의 노후상태조사 후 견적

③ 설계단계 시 견적 검토사항

㉠ 법규 검토

- 리모델링의 인·허가는 신축과 달리 비교적 간단하다.
- 증축을 포함한 리모델링 시에는 세부적인 법규 검토가 필요하다.
  - 주차장법
  - 정화조법(정화조 용량 변경시)
  - 용도변경 시
- 기존 구조물의 불법 증·개축 부분이 있는지 확인이 필요하다.
- 건물의 용도를 바꾸는 경우에는 세심한 검토가 필요하다.
  - 주차장법 적용 검토 : 주차대수 증가에 따른 증설문제
  - 정화조법 적용 검토 : 용량 증가에 따른 증설문제
- 외부 공사시 벽체 두께 변화
  - 건물의 면적 산정은 중심선을 기준으로 하므로 건축물의 면적이 증가될 경우에는 증축으로 보는 경우가 있으므로 주의해야 한다.

㉡ 기존 도면이 있는 경우 : 확인과 실측

리모델링 견적을 하기 위해서는 기존의 도면 검토와 현장의 기초조사가 가장 중요하다. 즉 기존의 도면이 있는 경우 주요 부위는 실측을 통해서 확인을 해야 한다.

㉢ 기존 도면이 없는 경우

기존 도면이 보존되어 있지 않는 경우에는 실측을 통해 도면을 재작성한 후 견적을 내야 한다.

④ 견적위한 도면 작성 종류

건축, 구조, 토목, 전기, 설비, 조경 도면 등이 작성된다.

표 3.3 기존 도면이 있는 경우와 없는 경우의 견적 검토내용

구분	도면작성을 위한 조사내용	조사시 검토사항
1. 설계도서가 있는 경우의 조사	1) 설계도서와 건축물의 비교 2) 노후화계수 산출 3) 보강설계에 사용할 자료 수집 4) 콘크리트 및 철근의 강도조사 5) 콘크리트 탄산화 깊이조사	1) 원 설계도서와 다른 부분 2) 설비기기 등의 설치 상황 3) 구조균열 및 변형도 4) 지반침하 및 노후화 상황 5) 콘크리트 강도 및 탄산화 깊이 6) 철근의 크기 및 강도

구분	도면작성을 위한 조사내용	조사시 검토사항
2. 설계도서가 없는 경우의 조사	1) 실측에 의한 구조체 치수 조사 2) 배근상황 조사 3) 설계도서 작성 4) 설계도서가 있는 경우의 조사 실시	1) 구조체 및 철근 치수 2) 배근상황 3) 설계도서가 있는 경우의 조사 항목

표 3.4 설계도서의 현장 확인과 실측도 작성시 필요조사 항목

항목	설계도서의 현지 확인	실측도 작성의 필요성	적용 방법
1. 바닥면적	결여 또는 변경 있음	◎	설계도서 또는 실측도에 의한 계산
2. 층수 및 층고	-	◎	상동
3. 기둥 단면치수	-	필요	실측도를 토대로 조사 (필요에 따라 단면결손, 시공불량 등을 고려하여 수정)
4. 기둥 순높이	-	필요	
5. 벽체 단면치수	-	필요	
6. 허리벽, 매달린 벽 치수	-	필요	
7. 벽 개구부 치수	-	필요	

⑤ 철거공사 시 검토사항

㉠ 부분 철거 시

- 기존 구조물의 손상을 최소한으로 줄이기 위해 인력철거를 함으로써 기계로 하는 것보다 비용이 더 많이 든다.

㉡ 기존 골조에 영향을 최소화할 수 있게 철거해야 한다.

㉢ 보수·보강공사와 연계하여 철거 부분의 범위를 결정해야 한다.

⑥ 보수공사 시 검토사항

보수공사의 범위는 회복목표 레벨, 보수공법 등에 따라 구조물의 내하력에 영향을 미치지 않도록 부분적인 보수와 전면적인 보수 등으로 나누어 설정한다. 보수공법의 범위를 구분하여 기술하면 다음과 같다.

1. 부분적 보수시	• 보수대상 개소 중 부식된 철근 주변의 콘크리트만을 보수한다.
2. 전면적 보수시	• 철근이 부식되어 있는 개소를 포함한 주변 개소에 대해서도 테스트해머로 타격하여 콘크리트의 박리가 우려되는 곳 전부를 보수한다. • 부식한계 염화물이온량이 1.2kg/㎥를 초과하는 부분 • 결속선, 스페이서, 인서트 등에 녹이 발생한 경우
3. 보수공법 종류	• 표면처리공법, 충진공법, 주입공법 • 강판제 부착공법 • 탄소섬유시트공법
4. 보수공사 금액 산정	• 건물의 상태에 따라 보수공법이 다름 • 보수공법에 따라 견적이 다르다.

⑦ 보강공사 시 검토사항

㉠ 보강공사 범위 산정

• 보강공사의 범위는 구조기술자의 검토를 받아 안정성과 경제성을 고려하여 여러 가지 대안을 검토한 후 보강공법의 범위를 결정하여야 하며 그 내용은 다음과 같다.

구분	보강내용 및 범위
1. 기본구조의 평가	• 골조상태, 부재치수, 실측, 내력평가 • 구조재료의 성능평가
2. 골조, 바닥 보강	• 부재의 신설, 증·타설 • 강판 또는 섬유판 보강 • 외부 프리스트레싱
3. 내력 증가	• 하중 증가, 설계기법, 해석기법
4. 노후부재의 보수	• 콘크리트 보수, 철근부식 보수
5. 내진, 수평하중 보강	• 설계기준의 강화, 수평내력벽 설치 • 가대설치, 바닥 격막 설치
6. 바닥, 벽체에 개구부 보강	• 개구부 크기 체크
7. 설비에 대한 보강	• 설비시설시의 골조 보강방안
8. 증축 또는 중간층 설치	• 기둥 설치, 기초 설치, 증타설기법
9. 내벽력 제거	• 개구부 확대(린텔 추가 설치) • 전면제거(골조 보강)
10. 엘리베이터 추가	• 바닥개구부 공사, 엘리베이터 피트공사 • 굴토 및 기초공사, 말뚝공사
11. 제단 설치	• 내력벽 추가, 기둥 및 보 설치
12. 기초 또는 지정 보강	• 기초 내하력 검토, 벽체 균열침하 등

㉡ 보강공법 종류
- 콘크리트 부재 증타공법
- 강재부재 증설공법
- 보강제 접착공법
- 보강재 매입공법
- 프리스트레싱 보강공법

㉢ 보강공사 시 금액 산정
- 건물상태에 따라 보강공법이 다르다.
- 보강공법에 따라 견적이 다르다.

⑧ 건축공사 시 검토사항

건축공사 견적은 신축공사와 차이 없다.

㉠ 외장공사 ㉡ 조적공사
㉢ 창호공사 ㉣ 방수공사
㉤ 단열공사 ㉥ 마감공사 등

⑨ 인테리어공사 시 검토사항

㉠ 천장공사 ㉡ 벽체공사 ㉢ 바닥공사
㉣ 목공사 ㉤ 화장실 공사 등

⑩ 전기설비공사 시 검토사항

㉠ 배관공사 ㉡ 냉·난방 공조시설공사 ㉢ 상하수도공사
㉣ 환기공사 ㉤ 엘리베이터, 에스컬레이터공사
㉥ B.S관련공사

5) 리모델링의 견적기준과 범위 설정

(1) 리모델링 견적기준 설정

리모델링 공사의 견적은 신규공사와 달리 기존 건물의 해체 및 철거와 구조체의 보수, 보강공사에 대한 기술과 경험의 자료정보가 무엇보다 중요하며 나머지는 신축공사와 같다고 볼 수 있다. 리모델링의 견적에 있어서 아직까지는 해체공사와 보수, 보강공사에 대한 견적이 중요하나 이에 대한 체계적인 기준과 사례가 정리되어 있지 않기 때문에 공사비 산출에 있어서 어려움이 많은 것이 사실이다.

① 해체공사 및 보수, 보강공사의 견적기준 설정

해체 공사와 보수, 보강공사의 견적은 구체적인 견적자료가 없으므로 반드시 실사를 통한 견적기준 마련이 필요하다.

② 리모델링 요소별 견적범위 설정

리모델링 공사는 신규공사와 달리 공간별, 부위별로 수선·교체의 공사범위가 다를 수 있으므로 그에 따른 기준 마련이 필요하다.

(2) 리모델링 견적범위의 설정

리모델링 공사에 있어서 리모델링의 범위를 명확히 정하는 것은 매우 중요하며 또한 어느 부위를 어느 정도까지, 얼마의 공사비를 투입하여 어떻게 공사할 것인가에 대한 것을 기본설계단계에서부터 면밀히 검토하여 확정하는 것이 무엇보다 중요하다.

그래야만 공사 중에 발생할 수 있는 설계변경을 최소화할 수 있으며 주어진 공기와 비용 범위 내에서 적정 품질의 리모델링 공사를 할 수 있기 때문이다.

① 리모델링 요소 도출을 위한 공간 분류

리모델링 요소를 도출하기 위하여 우선 공간을 분류하고, 그 공간을 구성하고 있는 부위별(벽, 천장, 바닥) 마감 및 기타 구성재 등을 대상으로 리모델링 기본계획 방향을 고려한 후 노후화 정도와 수선주기, 전면교체의 필요성 등을 검토해야 한다. 리모델링 요소 도출과 공간구성의 과정은 다음과 같다.

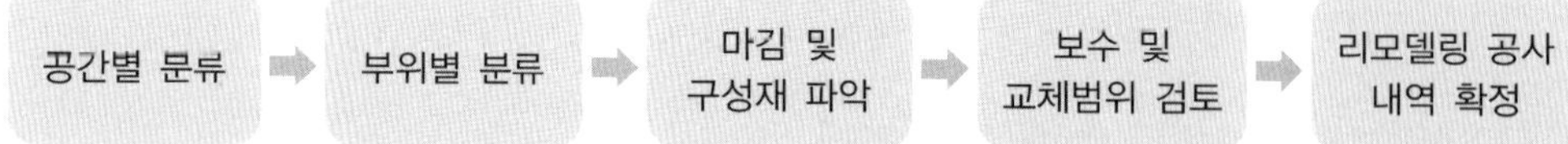

② 리모델링의 요소별 주요공정

리모델링 공사의 주요공정에는 가설공사, 철거 및 해제공사, 기초(보강)공사, 골조(증설)공사, 구조 보수 및 보강공사, 건축장 및 인테리어공사, 전기 및 설비공사 등을 들 수 있다.

㉠ 가설공사

- 지하의 사전 탐사, 즉 가스, 지역난방, 소화설비, 오·배수, 전기배선 등의 조사방법과 범위에 대한 검토가 필요하다.
- 건축 외부공사와 철거, 해제공사에 따른 가설설비와 폐기물 배출에 대한 방법 검토가 필요하다.

㉡ 철거 및 해체공사

국내의 철거공사는 대부분의 손장비에 의한 인력철거공사로 이루어지고 있으며 공사는 크게 건축공사의 철거, 전기, 설비공사로 나눌 수 있다.

건축공사의 경우 기존 벽체 및 슬래브 철거 범위, 전기설비 자재의 철거 부위와 범위를 명확히 한 후 철거해야 한다. 또한 철거공사시에는 반드시 폐기물처리에 대한 범위와 한계를 규정해야 한다. 철거 사용 장비의 무소음, 무진동 공법에 대한 검토 또한 중요한 사항이다.

㉢ 기초(보강)공사

기초보강 파일공사는 대부분이 기존 건물 내의 작업으로 파일 수량의 최적화와 작업공간 및 장비 진·출입 동선 확보 등의 사전검토가 필요하다.

- 기존 파일보강공사
- 외부 파일증설공사

㉣ 골조(증설)공사

- 기존 건물의 코어 부분 철거나 엘리베이터 등의 증설, 기존 벽체 및 슬래브 등의 보강 및 증설 등 범위와 방법에 대한 검토 또한 중요하다.
- 건물 내부의 용도변경이나 주차장 증설에 따른 골조의 증설 또는 골조 보강의 범위에 대한 사전검토가 필요하다.

㉤ 구조 보수 및 보강공사

ⓐ 구조 균열보수공사

- 구조체의 보수공사 범위와 부위를 명확히 한 후 공사를 해야 한다.
- 균열 부위가 0.3mm 이상으로서 실내 슬래브로 내구성 확보 목적이라면 건식에폭시 주입공법에 대한 검토가 필요하고, 발코니 천장 누수 부위의 균열보수공법이라면 습식 균열보수공법 등에 대한 검토가 필요하다.

표 3.5 균열부의 목적에 따른 보수공법

위치	목적	보수공법
1) 균열 부위	내구성 확보	건식에폭시 주입 휨균열, 건조수축균열 : 폭 0.3mm 이상주) 휨전단균열 : 폭 0.1mm 이상
2) 재료분리, 공극, 단면결손	내구성 확보	무수축 모르타르 충전 (철근부식 부위는 녹 제거)

주) 폭 0.2mm 이하의 균열 부위는 필요에 따라 건식에는 에폭시주입공법 또는 표면처리공법으로 보수

표 3.6 부위별 균열보수공법

보수부위	보수공법
1) 조적벽체 균열보수	균열 부위 V커팅 후 탄성 퍼티 충진
2) 실내 슬래브 균열보수	에폭시수지 건식공법
3) 발코니, 천장 누수 부위 균열보수	습식 균열보수공법(폴리우레탄 그라우팅공법)
4) PIT층 골조면 불량 부위	수지모르타르 바르기

ⓑ 구조물 보강공사

구조물의 보강공사는 보강 부위와 보강범위, 보강공법에 대한 기준을 분명히 한 후 공사를 해야 한다. 일반적인 골조 부위에 따른 골조구조 성능개선 공법을 정리하면 다음과 같다.

표 3.7 부위별 골조구조 성능개선공법

보강 부위	보강공법	비고
1) 기둥, 보	강판보강공법	
2) 슬래브	탄소섬유보강공법	
3) E.V기초 pile 보강	마이크로파일 보강공법	

ⓗ 건축 및 인테리어공사

ⓐ 건축공사

- 건축공사의 리모델링 부위와 범위로서는 일반적으로 외장타일공사, 창호 및 외부 철물공사, 외장 및 부대공사 등을 들 수 있다.

ⓑ 인테리어공사

• 인테리어공사의 주요 부위는 건물 내부의 바닥, 벽, 천장, 주방, 화장실 등의 인테리어 등을 들 수 있다.

• 건물 내부 인테리어는 마감치수를 고려한 shop drawing에 의한 공사시스템 구축이 필요하다.

ⓢ 기계설비 및 전기공사

ⓐ 기계설비공사 : 기계설비공사는 오·배수 및 급배수관 등에 대한 교체가 주류로서 PD입상배관, 세대내 및 화장실 배관, 지하횡주관, 위생기구 등이 주요 철거 및 리모델링 대상 범위이다.

ⓑ 전기통신공사 : 전기공사는 주로 옥내배선설비의 교체와 건축 내부평면 변경에 따른 입선과 콘센트 증설, 방범, 방재기능 등의 개선에 중점을 두고 계획하게 되며, 광케이블 등의 신설에 대한 검토도 필요하다.

2. 리모델링 공사비

2.1 리모델링 공사비 구성

리모델링 공사비는 크게 아래 표 3.5와 같이 구성되어 있다

표 3.8 리모델링 공사비 항목

구분		항목		비고
순공사비	공통가설공사	공통가설 사무실, 가설전력, 현장 등		
	토목공사	토공사		
		흙막이공사		• 리모델링 특성 고려
		부대토목공사		
		지정. 파일공사		• 리모델링 특성 고려
	건축공사	골조공사	APT 주동부 골조(기존/신설)	• 기존 : 리모델링 특성 고려
			주차장/부속동 골조	
		마감공사	세대마감(기존/신설)	• 기존 : 리모델링 특성 고려
			공용/외장	

<table>
<tr><th colspan="2">구분</th><th colspan="2">항목</th><th>비고</th></tr>
<tr><td rowspan="9">순공사비</td><td rowspan="4">건축공사</td><td colspan="2">가구/가전 공사</td><td></td></tr>
<tr><td rowspan="3">보수
보강</td><td>철거/가설</td><td>• 리모델링 특성 고려</td></tr>
<tr><td>구조보수 및 보강</td><td>• 리모델링 특성 고려</td></tr>
<tr><td>보강파일(마이크로 파일 등)</td><td>• 리모델링 특성 고려</td></tr>
<tr><td rowspan="2">설비공사</td><td colspan="2">세대마감</td><td>• 기존 : 리모델링 특성 고려</td></tr>
<tr><td colspan="2">세대외 공용</td><td></td></tr>
<tr><td rowspan="2">전기공사</td><td colspan="2">세대마감</td><td>• 기존 : 리모델링 특성 고려</td></tr>
<tr><td colspan="2">세대외공용</td><td></td></tr>
<tr><td rowspan="2">조경공사</td><td colspan="2">본공사</td><td></td></tr>
<tr><td></td><td colspan="2">기존수목제거/임목폐기물처리</td><td></td></tr>
<tr><td rowspan="4">공통
공사비</td><td>현장관리비</td><td colspan="2">현장사무실, 현장직원 등</td><td></td></tr>
<tr><td>법정제비용</td><td colspan="2">안전관리, 품질관리, 보험료 등</td><td></td></tr>
<tr><td>매입세</td><td colspan="2">부가세 면제 공사의 자재비성 부담 부가세</td><td></td></tr>
<tr><td>민원처리비</td><td colspan="2">공사상 민원(소음, 분진...) 처리</td><td></td></tr>
<tr><td rowspan="3">부대비</td><td>설계/인허가 관련</td><td colspan="2">시공사 부담 설계, 인허가 비용</td><td></td></tr>
<tr><td>분양 관련</td><td colspan="2">시공사 부담 분양 비용</td><td></td></tr>
<tr><td>사업추진 관련</td><td colspan="2">기타 시공사 부담 사업추진비용, 관리비</td><td></td></tr>
<tr><td rowspan="4">간접비</td><td>일반관리비</td><td colspan="2">회사 관리비</td><td></td></tr>
<tr><td>금융비용</td><td colspan="2">시공사 부담 금융비용</td><td></td></tr>
<tr><td>공과잡비</td><td colspan="2"></td><td></td></tr>
<tr><td>세금</td><td colspan="2"></td><td></td></tr>
</table>

2.2 리모델링 공사비 특성

1) 신축 대비 리모델링 공사비

리모델링 공사 범위 및 유형, 공법 등에 따라 매우 다르지만, 기존 골조를 활용하는 리모델링은 신축대비 공사비가 절감될 수도 있으나, 기존여건 및 설계에 따른 요소들로 인하여 상당부분 증가요소가 발생됨에 따라 공사비는 증가할 수도 있다.

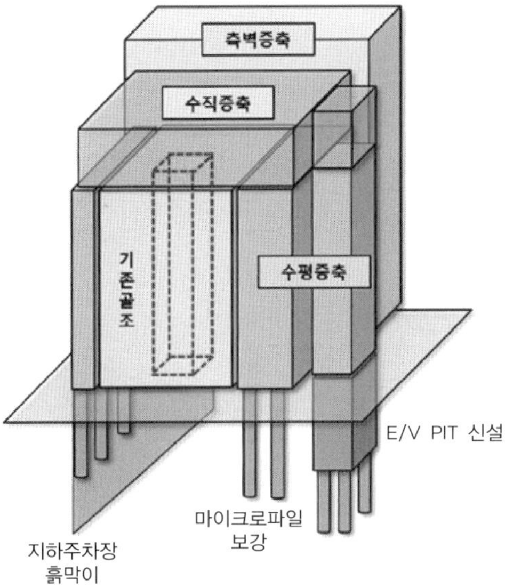

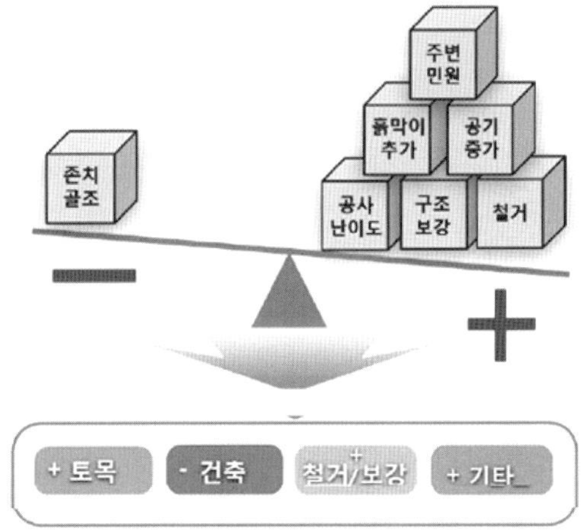

2) 리모델링 골조 공사비 특성

기존골조 활용분에 따라 신축대비 수량은 감소되며, 단가는 층별면적 감소 및 가설, 보강 등의 이유로 상승된다.

(예) 지하층DBS철골조(TOP-DOWN), 지상골조 존치간섭, 증타공법, 작업성 저하, 지상층 10일/층, 재료비 일부절감대비 인건비 상승된다(수량감소대비 투입인원수 동일).

■ 골조수량은 低, 단가는 高

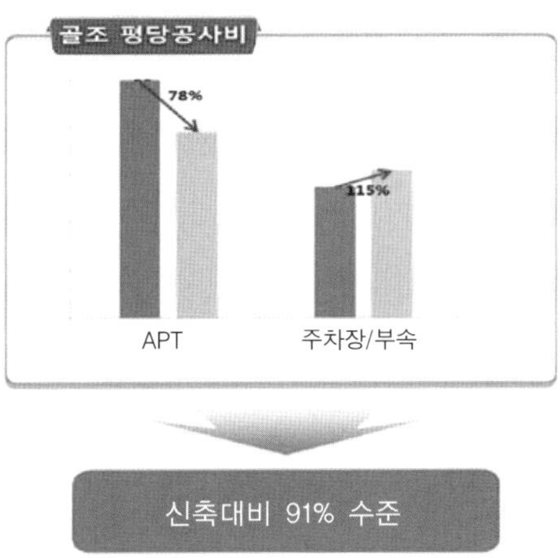

3) 철거, 보강 공사비 특성

신축에는 없는 기존 건축물 철거(구조안전 및 설계상 필요부위 일부 철거) 및 구조보강공사 진행된다.

(예) 8~9개월 소요(층당 약 7일) 옥탑, 옥상, 지붕, 기준층, PIT,기초

■ 기존 건축물 철거 및 구조보강 필요

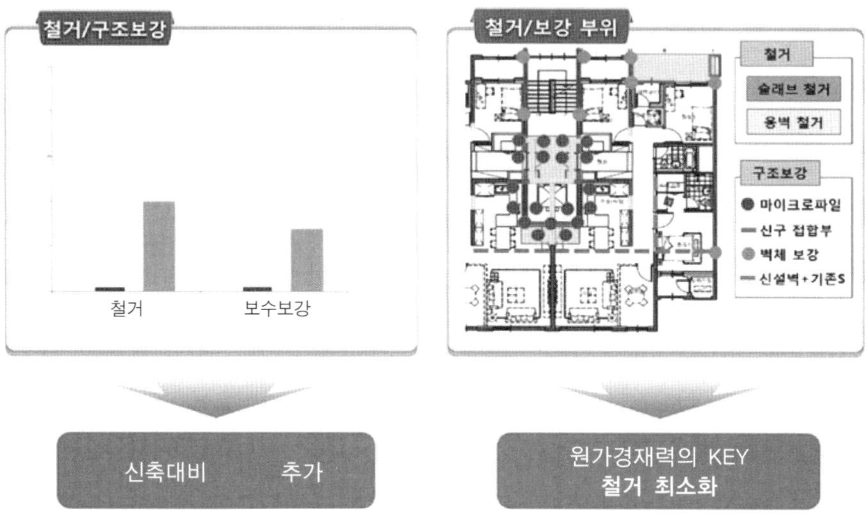

■ 기존 건축물 철거 및 구조보강 필요

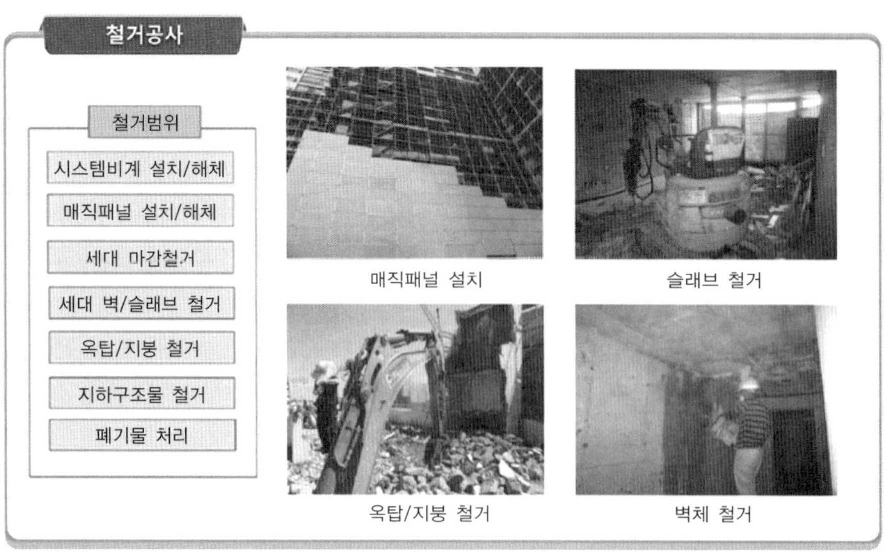

4) 토목 공사비 특성

신축은 대지경계 주위로 흙막이가 진행되지만, 리모델링공사의 경우 기존 건물 주위 흙막이공사는 물론 아파트 증축을 위한 별도 흙막이공사도 필요한 경우 발생된다.

(예) 동주변 전체 흙막이(강성 대), 기존골조 간섭

■ 지하주차장 터파기를 위한 아파트 주변 흙막이공사 필요

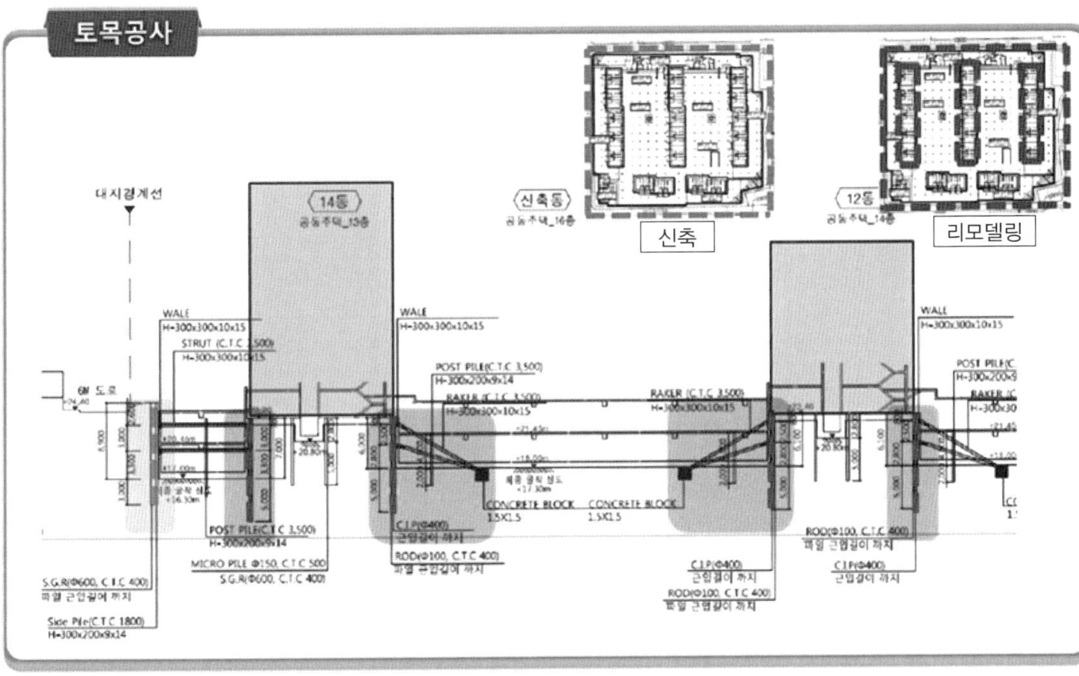

5) 구조안전 및 내진 관련 비용

신축에는 없는 리모델링 공사 중 구조안전을 위한 진단, 가설, 기존부위 구조보수, 기존과 증축부위 연결, 내력증가 등 보강 공사가 진행되며, 신축과 동일한 내진기준을 적용하기 위한 공사를 진행한다.

(예) 구조 엔지니어링, 부분별 정밀진단, 기초/바닥/벽체 연결부공사, 기초파일보강, 탄소섬유시트 등

■ 마감재 철거 後 구조물 철거 前 1차 정밀안전 진단 및 현장 추가조사 실시

구조물 조사
- 기존 철근 강도
- 구조물 존치 검토
- 콘크리트 강도

외관 조사
- 옹벽 두께
- 건물 기울기
- 골조 열화 상태

현장 추가 조사
- 기존파일 내력
- 주변건물 기초형식
- 기초 지내력

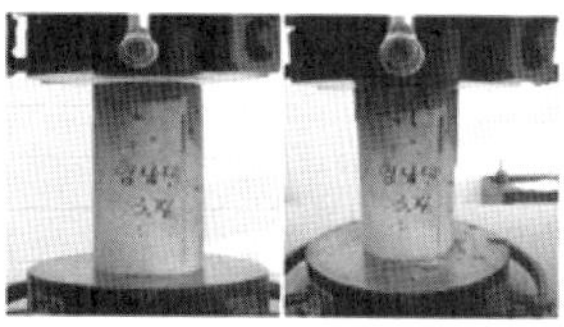

기존 구조체 강도 측정

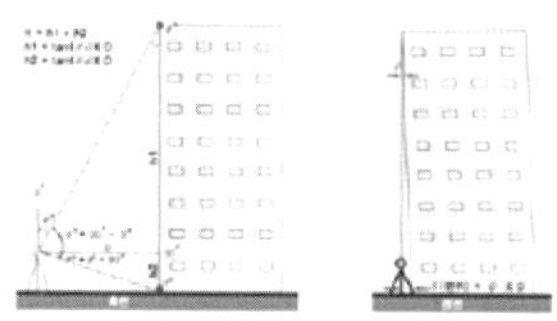

기존 건물의 기울기를 조사

기존 파일을 노출시켜 동재하 시험 실시

철거/보강의 적정여부 판단

기울기 오차 흡수 가능한 거푸집 제작

설계 시 가정한 허용 지지력 확인

안전진단 및 현장 조사 결과를 설계 변경 반영

■ 슬래브 보수/보강

보수

균열보수-에폭시 충진

단면보수-V커팅후 무수축몰탈 충진

오프닝 복구

보강

신/구 슬래브 연결부 상세

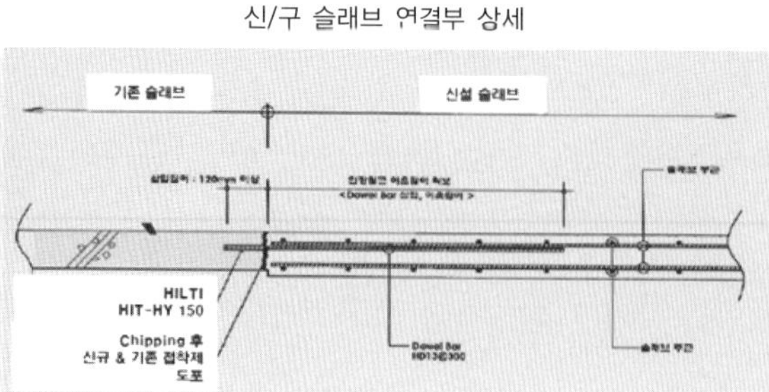

탄소섬유시트 보강

■ 기존 파일기초 구간 MICRO PILE 보강

시공순서

1. 기존 기초 컷팅/철거
2. 천공/케이싱/마이크로파일 삽입
3. 몰탈 주입 및 케이싱 인발
4. 지압판 설치
5. 기초보강 철근 배근
6. 콘크리트 타설

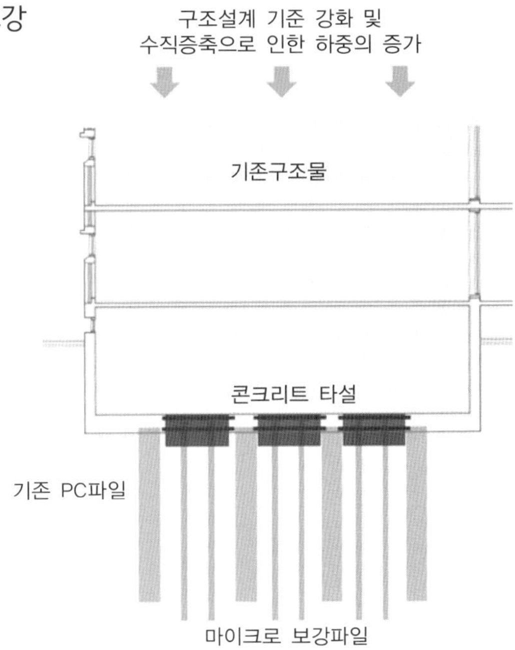

■ 내진보강

○ 내진보강 프레임 설치 개념도

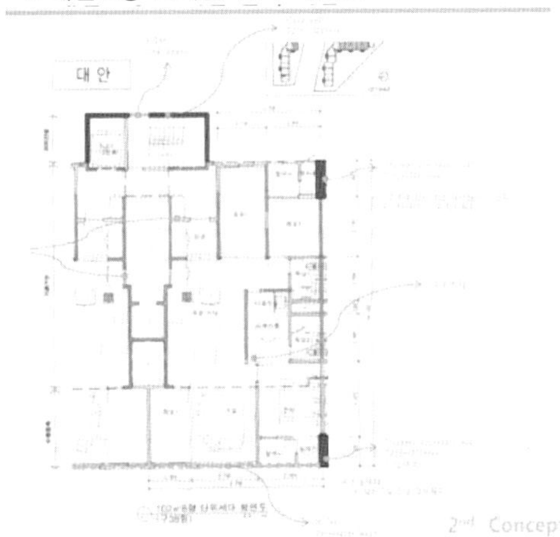

○ 철골 프레임형 내진보강 예시

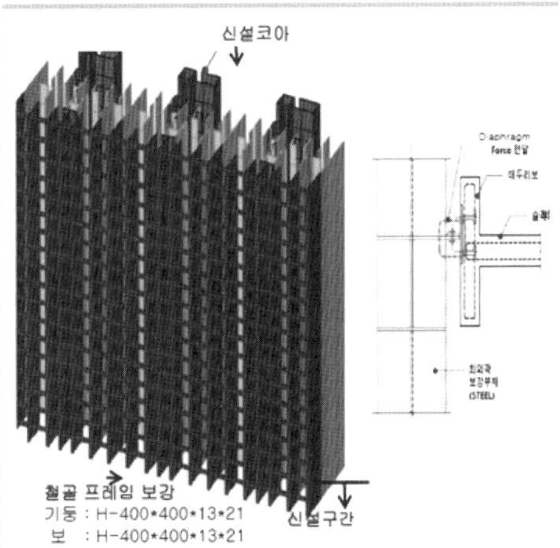

■ ELEV. PIT 신설(기초 수직연장)

시공순서

- 뜬구조 보강파일 설치
- 기존기초 철거
- 굴착
- 기존 파일/보강파일 컷팅
- 기초 및 PIT 벽체 신설
- 기초 및 보강 M/C PILE 절단

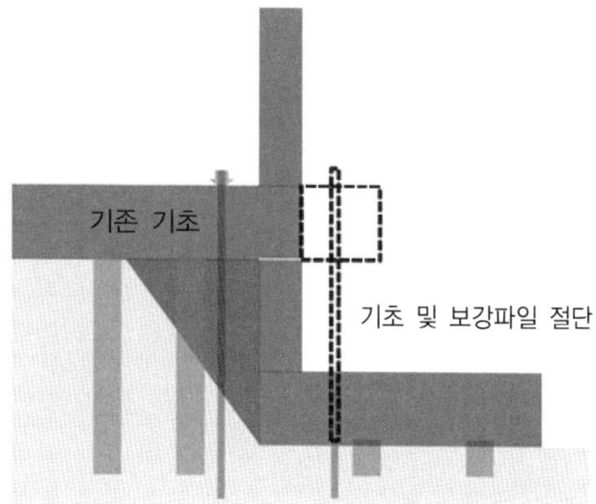

6) 기타공사

- 마감공사 : 천장고 확보, 우물천장, 기존골조 정밀도 불량에 따른 공사
- 기계, 전기공사 : 기존골조 간섭, 노출배관/할석/천공 추가 발생

2.3 공사비 주요 요소

리모델링 공사비의 구성과 변동발생가능 요소는 다음과 같다,

1) 공사비 구성 예시

리모델링공사비 구성은 계획범위 및 각 대상지 특성에 따라 모두 다르겠지만 다음과 같이 대략적인 사례를 통해 이해를 돕고자 한다.

공종	비율 예(%)	비고
공통가설	3.2	현장사무실, 펜스, TC..
건축	52.2	골조, 마감, 철거, 보강,..
토목	7.6	굴토, 흙막이, 부대토목...
설비	7.5	설비, 기계, 소방,..
전기	7.5	전기, 통신, 소방...
조경	1.7	조경시설, 식재,..
공통	5.8	현장관리
경비	14.5	법정비용, 매입세, 간접비
합계	100	

공종	비율 예(%)	비고
골조	27.3	
마감	15.5	
철거	6.0	
보강	3.1	

※ 상기 비율은 예시로서 공사범위 및 유형, 공법, 분류방법 등에 따라 변동

2) 평당 공사비 변동 주요 요소

단지 특성, 설계에 따라 달라질 수 있으나 보편적으로 아래와 같이 변동된다고 볼 수 있다.

① 철거, 구조보강이 많을수록 증가 : 가설, 철거, 보강, 골조 비용 증가

② 규모(세대수, 연면적)가 작을수록 증가 : 200세대-1,000세대 동일기준시 공사비 차이 큼

③ 동일세대수의 경우 평형 구성이 작을수록 증가 : 초소형, 소형평형 공사비 증가

④ 평면type(평형)이 다양할수록 증가 : 동일평면 대비 다양한 평면시 증가요인 발생

⑤ 주차장 & 부대시설 비율이 작을수록 증가 : 아파트 공사비>부대시설 공사비

⑥ 주변환경 및 진출입 어려울수록 증가 : 주변 시설 종류/근접성, 공사진출입구, 단지내 통행로, 자재적치, 여유공간 등

⑦ 지하 주차장 형태가 복잡할수록 증가 : 흙막이, 토목공사 증가

⑧ 수직증축이 별동증축 대비 증가 : 가설, 구조보강, 보강파일 등 증가

⑨ 지하주차장 층수 많아질수록 증가 : 1개 층<2개 층<3개 층<4개 층

⑩ 층수가 높을수록 증가 : 가설, 공사기간 등 증가

⑪ 추진기간이 늘어날수록 증가 : 사업비 및 공사비 증가, 물가 상승

⑫ 기타 : 기존구조체 상태, 지질, 지하수위, 착공시기, 분양률 등

2.4 리모델링 공사비 사례

리모델링 공사비에 대한 이해를 돕기 위하여 현재까지 공동주택 리모델링 준공된 주요 단지의 파악된 비용과 근래 리모델링조합설립이 완료되어 시공사를 선정 단지의 공사비는 아래와 같다.

1) 주요 준공단지 사업비 현황

표 3.9 리모델링 주요 준공단지 현황 및 평당사업비용 추정

구분	마포 호수	광장 일신	청담 두산	대치우성 2차	청담 청구
세대수	90	200	177	354	108
허가	'10.08	'08.05	'09.12	'11.01	'11.07
리모델링착공	'11.03	'11.11	'11.07	'11.11	'12.02
리모델링준공	'12.12	'13.08	'14.01	'14.02	'14.02
주차대수	71	205	216	462	129
용적률	387%	294%	371%	347%	423%
건물규모	지하1, 지상12	지하2, 지상11	지하2, 지상5	지하3, 지상16	지하2, 지상18
연면적(㎡)		26,755.5	36,657.7	69,996.5	20,808.6
평당공사비(만원)	378.0	392.1	441.8	395.9	420.0
평당사업비(만원)	15.0	51.7	70.7	27.5	42.5

표 3.10 리모델링추진 주요단지 평당공사비[시공사 선정시 / 일정순('15~'22)]

아파트명	세대수(현)	평당 제안공사비	아파트명	세대수(현)	평당 제안공사비
개포 대청아파트	822	429.0	금호 벽산	1,707	619.8
신정 쌍용아파트	270	438.0	신도림 우성3차	284	612.0
평촌 목련3단지	902	399.7	신도림 우성5	154	682.3
대치 선경3차	54	512.8	대치 현대	630	649.7
대치 2단지	1,753	428.5	반포 MV	154	774.0
둔촌 현대1차	498	518.0	잠원 동아	991	721.7
잠원 한신로얄	208	449.0	매탄 동남	892	535.7
옥수 극동	1,900	420.0	대구 우방청솔	194	550.0
등촌 부영	712	449.0	권선 삼천리2차	546	549.5
청담 건영	240	686.9	영통 주공5	1504	607.8

아파트명	세대수 (현)	평당 제안공사비	아파트명	세대수 (현)	평당 제안공사비
잠원 훼밀리	288	597.9	서강GS	538	599.5
둔촌 현대2차	1,196	530.0	산본 개나리	1,778	582.0
문정 시영	11,316	498.0	영통 신명동보	836	563.8
수지 초입마을	1,620	475.0	잠원 갤럭시1	256	737.0
잠원 갤럭시1	256	590.0	청담 신동아	106	799.0
삼전 현대	120	629.8	이촌 강촌	1,001	690.5
수지 보원	619	499.7	이촌 코오롱	834	738.0
둔촌 현대3차	1,160	575.0	수지 리버파크	702	580.5
자양 우성1차	1,656	543.5	강동 선사현대	2,938	611.0
평촌 목련2단지	1,994	539.5	인천 부개주공3	1,724	563.0
광장 상록타워	200	609.0	평촌 초원 한양	870	596.9
수지 현대성우8	1,239	508.0	산본 무궁화주공1	1,329	639.0
수지 신정9	812	539.5	송파 거여5	605	782.0
목동 우성2차	1,140	539.3	평촌 한가람신라	1,068	657.5
광명 철산한신	1,568	488.0	영통 주공8	1,548	659.6
수지 한국	416	494.0	일산 문촌16	956	638.0
문정 건영	545	559.8	수지 현대홈타운	462	672.5
산본 우륵	1,508	519.7	수지 삼성1	576	649.5
현석 밤섬현대	219	588.0	염창 무학	273	750.7
가락 쌍용1	2,064	629.0	수지 뜨리에체	430	664.5
영통 민영5	1,616	530.0	신반포 청구	347	793.5
산본 율곡	2,042	510.8	이문 삼익	353	679.0
수지 현대	1,168	535.0	명일 중앙하이츠	410	738.0
영통 삼성태영	832	518.0	잠실 현대	336	773.0
신도림 우성1	169	673.0	창원 토월성원	6,252	625.0
신도림 우성2	239	637.0	이촌 한가람	2,036	759.4
고덕 아남	807	669.0	목동 우성	332	760.0
수지 동부	612	534.8	명일 현대	226	685.0
광교상현현대	498	549.5	창원 피오르빌	1,560	614.0
금호 벽산	1,707	619.8	가락 금호	915	763.0

3. 리모델링 사업비

3.1 리모델링 사업비 종류

공사비 외 리모델링 사업 추진에 필요한 주요 사업비 종류는 아래와 같다.

표 3.11 리모델링 사업비 종류

구분	비고
조합설립비용(추진위)	조합 기투입비용
정비사업 용역비	연면적 당 3~5만원
설계 용역비	연면적 당 5~7만원
도시계획(지구단위)	연면적 당 1~3만원
감리비	지자체 선정
전기/소방/통신 감리비	지자체 선정
구조감리비	구조안전 관련
감정평가수수료	1~2 개사
지질조사비/측량비	대지면적당
각종영향평가비	(교통영향, 친환경, 환경영향, 교육, 기타...)
신탁 등기, 멸실비	신탁등기 법무사 수수료 등
보존등기비	세대수증가분
소송비용	(매도청구, 점유이전/처분금지가처분 등)
구조 안전진단비	지자체 선정
안전성 검토비용	검토기관 납부비용
분양보증 수수료	일반분양분
분양용역비	MH,대행수수료 등
사업승인조건 공사비	지제체 승인 조건
석면조사 & 감리비	리모델링 前 연면적 당
석면처리 비용	해체, 처리
허가용역비	허가 동의서 징구
인입공사부담금(위수탁)	(오수, 도시가스, 상수도, 본전원인입)
광역교통시설부담금	세대수 증가
상하수도시설부담금	세대수 증가
학교용지부담	세대수 증가
지역난방시설분담금	늘어난 난방면적(㎡)

구분	비고
국민주택채권매입비	분양
법인세	분양
납부 부가세	조합
유이자대여금 이자	조합사업비 금융비용
이주비 대출 이자(적용시)	이주비이자 조합대납시
중도금 금융비(조합원)	중도금이자 조합대납시
중도금 금융비(일반분양)	중도금이자 조합대납시
조합운영비	상근직원인건비, 사무실운영 등
조합사무실임차비	사무실 임차
회계감사/세무회계용역비	세무조정계산, 외부회계감사
총회비용	정기, 임시 총회
민원처리비	시공상 민원 제외
예비비	기타 계획외 추가 비용
청산자 대책비	필요시
매도청구세대 취득세	매도청구세대 매입시
이주관리 및 범죄예방	필요시

3.2 리모델링 사업비 예시

아래는 실제 리모델링 진행단지의 사업비 항목 예시이다.

사업비 항목	사업비(원)	산출근거	사유
측량비	10,000,000	실 발생비용	
설계비	1,652,437,000	연면적×계약금액(평당 43,500원) (설계 변경)	
건축감리비	3,039,654,000	총공사비×0.8×2.32%×0.88×1.1	공사비
전기/소방/통신감리비	466,757,000	총공사비×0.1×2.85%×0.88×1.1	
도시계획용역	25,000,000		
구조 감리비	200,000,000	1식	
조합 운영비	1,693,290	(1,259만원×87)+(1,500×44)	월부터 해산시
총회 개최비	480,000,000	6,000만원×8회	
인허가 및 업무추진비	60,000,000	인허가 및 업무 추진비 (행위허가결의서 청구 등)	

사업비 항목	사업비(원)	산출근거	사유
신탁등기/해지비	450,400,000		
보존 등기비	683,020,000	일반분양건축비 (평균 140×세대×600만)×3.2%	공사비
감정평가비	600,000,000	조합원종전/종후 평가감정평가비용	
정비사업전문관리업비	981,819,000	연면적×0.3025×28,000원	
건설사업관리비(C.M)	550,000,000	계약금액	
교통영향평가비	62,920,000	계약금액	
풍동시험	44,000,000		
현황측량	33,000,000		
지장물 철거 및 이설	563,000,000	전기, 수도, 가스, 지역난방, 통신, 하수, 세대당 만원	
친환경평가	171,600,000	계약금액+수수료	
법무용역비 및 소속비용	744,810,000	1식 매도청구, 점유이전금지/처분 금지가처분 등 각종 소송 및 자문	명도소송반영
세무회계 용역비	150,000,000	1식(월기장료, 외부회계강사비 3회, 자문료 등)	
석면조사 및 감리, 폐기물	422,046,000	1식, 연면적평당 추정	
광역교통시설 부담금	1,350,000,000	고지액, 전체 연면적 반영	
지역난방분담금	417,736,000		
상수도원인자분담금	33,600,000	세대×400,000원	
하수도원인자분담금	44,520,000	세대×530,000원	
도시가스시설부담금	23,520,000	세대×280,000원	
분양보증 수수료	398,464,000	일반분양가, 보증률 0.15%, 보증대행 포함	분양가
분양대형 수수료	420,000,000	세대×500만원	
분양공고 홍보비	332,640,000	일반분양가의 0.3% 적용	
사이버모델하우스 설치	200,000,000	1식	분양가
이주관리 및 범죄예방	450,400,000	세대×80만	
철거감리비	563,000,000	상주감리허가대상	해체관리법
인원처리비	200,000,000		
예비비	2,466,874,000	공사비 1%, 지하폐기물, 분양신청, 법규 변경, 설계변경 등	
소계	9,984,507,000	만 단위 절삭	
사업비 금융비용	2,997,676,050	사업비×5%×3	
보증공사사업비 보증료	555,920,950		
소계	23,538,104,000	십만 단위 절삭	

3.3 리모델링 사업비 특성

1) 분담금 산정 방식

기존의 분담금 산정은 세대수증가 및 지분변동이 없는 경우에 해당되므로 세대별 면적당 비용을 부담하는 구조인 반면, 세대수 및 지분이 변동이 되는 경우에는 감정평가를 통해 가치상승 비례하여 분담하는 방식으로 진행된다.

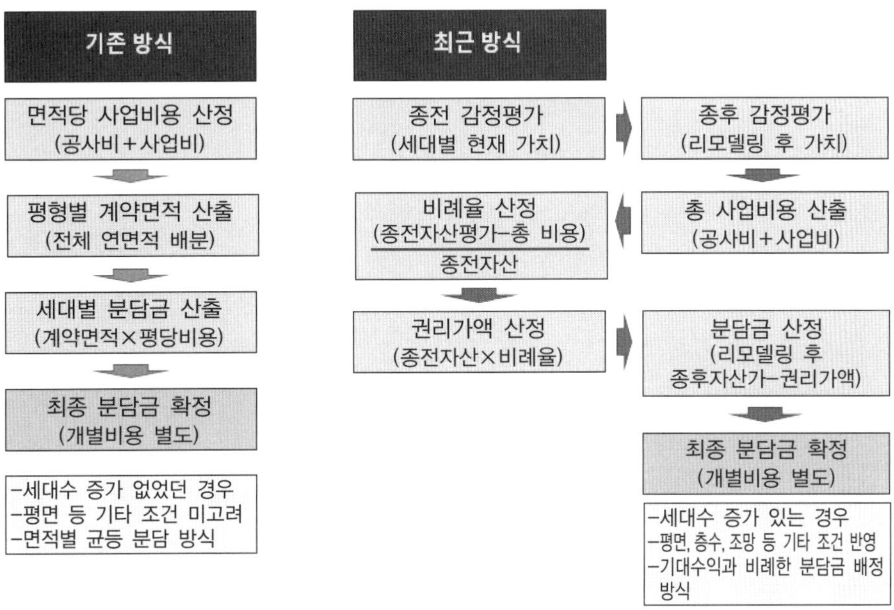

2) 분담금 산정 검토

분담금은 총비용에서 사업수익(분양)을 제외한 금액을 산정하여 상기 1)항에서와 같은 방식으로 개별 부담금으로 산정되어진다.

▣ 리모델링 사업비=공사비+조합사업비-분양수익 [+금융비 & 개별비용(제세공과 등)]

3) 분담금 산정

① 분담금/사업수익 결정 요소

- 사업비용 : 공사비 + 사업비
- 일반분양가 : 분양 세대 + 매도청구 세대 매각 가격
- 종전가치 & 종후 가치

② 분담금 산정 방법

ⓐ 아파트 종전 가치 : 현재 아파트 세대별 가치의 총합(종전 감정평가)

ⓑ 아파트 종후 가치 : 리모델링후 아파트 세대별 가치의 총합(종후 감정평가)

ⓒ 사업비용 : 전체 사업(단지)의 공사비 + 사업비

ⓓ 분양수익 : 분양 수입금(일반분양가 산정)

ⓔ 비례율 : (ⓑ+ⓓ−ⓒ) / ⓐ(사업 전체 수익률)

ⓕ 권리가액 = 해당세대의 ⓐ×ⓔ

→ 세대별 분담금 = 해당세대의 리모델링 후 세대의 ⓑ(조합원분양가) − ⓕ

※ 세대별 투자 대비 수익률이 동일하게 산정하는 방식

[기존 리모델링의 경우 일반분양이 없고, 대지지분이 변동되지 않으므로 세대의 계약면적×평당단가(공사비 + 사업비)]

※ 비례율 : 수익과 분담금 산정시 세대 간의 불균형 방지를 위한 개념으로, 사업 추진에 따른 개발이익을 사업성에 비례해서 되돌려 주거나, 부담시키게 된다. 비례율은 일반적으로 종전자산평가액이 크면 종후자산의 평가액도 비례하여 증가하는 경향이 있다. 일반적으로 조합에서 적정 수준에서 비례율이 나오도록 조정하게 된다. (비례율이 100% 이상이면 사업성이 좋아 조합원에게 돌아가는 혜택이 크다.)

※ "평형(조합원, 분양), 세대수, 사업비용, 분양가"는 부동산시장, 인허가 과정, 감정평가 등에 따라 변동된다.

- 일반분양 세대수 확보 및 분양세대 위치에 따라 분담금은 증감된다.
- 수직증축 여부에 따라 비용 및 사업기간(절차)이 증감된다.
- 별동 위치에 따라 기존 세대 가격형성에 대한 영향이 고려된다.

제4장
리모델링 사업타당성 분석

1. 리모델링 사업타당성 개요
2. 리모델링 사업타당성 평가방법과 절차
3. 리모델링 사업성 평가

1. 리모델링 사업타당성 개요

1.1 사업타당성의 개념 및 정의

타당성 평가(Feasibility study)는 리모델링 프로젝트 수행의 첫 단계로서 프로젝트의 타당성을 평가하기 위한 과정으로 계획(Planning)과 설계(Design) 단계로 이어지며, 비용관리(Cost Management)와 밀접한 관계를 가진다. 즉 사업타당성 평가란 제한된 재원을 효율적으로 사용하기 위하여 사업환경, 사업개념, 적정규모, 경제적 타당성, 재원조달방안, 사업 추진방안 등을 검토하여 사업 시행의 최적 대안을 모색하는 과정으로 사업계획을 수립하기 전에 행해진다. 사업의 방향과 차후 시행방안 등 사업 전반에 걸친 검토를 수행하여 사업시행자 및 투자자가 합리적인 의사결정을 할 수 있는 유용한 정보를 제공하고 시행착오를 최소화하여 효율성과 효과성을 증대시키는 데 목적을 두고 있다.

이러한 사업타당성 평가(장혜숙, 1991)는 사업계획에 따른 투자의사 결정에 필요한 기술적 · 경제적 · 상업적 기초를 제공하여야 한다(United Nations, 1978). 타당성조사는 상품생산에 관한 대안들과 함께 생산에 관련된 중요요소를 정하고 분석한다. 일차적 사업타당성 조사는 어떤 자원과 인력을 가지고, 어느 정도의 투자비용으로 어느 정도의 투자비를 회수할 수 있으며, 선택된 위치에서 어느 정도 생산을 할 수 있는지에 대하여 예상한다.

사업타당성 평가는 시장 분석, 기술 분석, 재무, 그리고 사회적 편익 분석을 포함한다. 타당성 평가 시에는 시장성과 개발 가능성, 자원의 제공 또는 공급가능성, 인력수급, 여러 필요 서비스의 존재 여부, 그리고 저렴한 비용의 가능성 등과 함께 재무 분석이 행해져야 한다(Cliften, Jr. and Fyffe, 1877). 투자생산비용을 최소화하기 위해서는 계획 개발방법, 생산, 지역, 입지, 기술, 건물, 기계, 기초시설, 토목, 조직 등의 요소들을 조합하여 여러 대안을 설정하고 평가하는 과정을 반복 수행한다(United Nations, 1978). 사업타당성 조사 요소들은 서로 관련이 있으므로 사업타당성 평가 신고서 내용의 순서 등에 따라 어느 요소가 더 중요하다고 말하는 것은 무리가 있다.

타당성 평가 내용은 투자대상 산업의 성격, 상품의 규모와 복잡성, 투자비용에 따른 방침과 중점에 따라서 상당한 다양성을 보인다. 그러나 대부분의 타당성 조사는 비슷한 범주를 다루는데, 사업타당성 조사의 기본적 요소를 포함해야만 연구의 유용성이 크다고 하겠다(United Nations, 1978). 또한 사업타당성 조사는 개념계획 등 사업계획의 처음부터 연계되어야 한다. 그렇지 않을 경우 사업타당성 조사에서 권고하는 사항과 앞서 마련된 계획방침과 전혀 다를 수도 있으며, 이로 인하여 낭비를 초래할 수도 있다.

이상과 같이 사업타당성 평가의 여러 정의들을 분석하고 종합해 보면 다음과 같다(표성수, 1996).

첫째, 사업타당성 평가의 최종목표는 재무 분석을 통하여 투자 수익성을 파악하고, 계속하여 그 사업을 추진할 것인가를 결정하는 것이다.

둘째, 사업타당성 조사는 충분한 정보를 수집, 종합 분석하는 창조적이고 목표지향적인 합리화의 과정이다.

셋째, 사업타당성 평가는 관광개발의 형태, 시설의 양적·질적인 면을 결정하는 데 도움을 준다.

넷째, 사업타당성 평가는 객관적이고 독립적인 평가를 함으로써 투자의 위험성을 줄이기 위한 시설투자 전의 과정이다.

다섯째, 사업타당성 평가는 사업수행 전의 준비로 사업운영 결과를 예상, 평가하는 구조적 방법(Systematic Method)이다.

여섯째, 주요 관련 학문 영역은 마케팅과 재무분석이다.

2. 리모델링 사업타당성 평가방법과 절차

2.1 일반건축물 리모델링 사업타당성 평가방법과 절차

2.1.1 사업타당성 평가방법

사업타당성의 최종목표는 사업을 실시할 경우 투자자의 경제성을 달성할 수 있을 것인가를 조사·검토·분석하는 것이므로 합리적이고 체계적인 경제성 평가가 필요하다.

이러한 경제성을 평가하는 방법은 크게 경제적 타당성 분석과 재무적 타당성 분석이 있다. 경제적 타당성 분석은 당해 사업으로 인하여 발생하는 편익과 비용을 측정하여 사업의 추진 여부 검토 및 합리적 의사결정을 가능하게 하는 과정으로 경제적 타당성 분석을 수행하는 이유는 경제학의 기본적 문제, 즉 자원의 희소성 문제에서 출발하는 바, 사업투자 주체의 제한된 재정(Input)을 얼마나 효율성 있게 활용할 수 있는가를 판단하여 재정낭비를 방지하고자 하는 것이다.

경제성 분석을 효과적으로 수행하기 위해서는 편익과 비용을 정확히 측정하는 것이 중요하다. 특히 편익 측정이 핵심이며, 이는 재무성 분석의 수익 측정과는 성격이 다르다고 할 수 있다. 재무성 분석을 하기 위한 수익 산출은 일반적인 회계적 개념으로 이해하여 수행하면 되지만 경제성 분석을 위한 편익 산출은 당해 사업 시행으로 인하여 발생하는 사회·경제적 효과를 측정하는 것이며, 이를 위해서는 장기적인 분석과정이 필요함에 따라 어려운 문제로 인식되고 있다.

재무적 타당성 분석이란 사업의 주체가 투자 및 운영비 지출에 대응할 만큼 충분한 대가를 기대할 수 있는가를 평가하는 것이며, 재무적 순 현재가치로 계산된 현금흐름에 최초 자본투자에 대한 비용을 고려하여 손익을 계산하는 방법이다. 반면에 경제적 타당성 분석이란 국민경제 전체의 효율성 측면을 조사하는 것으로, 일반적으로 사업운영에 반영되는 금전적인 효과를 무시하고 소비자 지불의사의 합으로 이해되는 사회적 편익과 사회적인 기회비용을 순 현재가치로 측정하여 비교하는 것이다.

표 4.1 재무적 타당성과 경제적 타당성의 비교

항목	재무적 타당성	경제적 타당성
목표	재무적 순 현재가치 측정	사회적 순 현재가치 측정
재무제표 작성	현금유입-현금유출	사회적 편익 - 사회적 비용
소득과 손실의 포함 규칙	현금흐름 100%	사회적 영향 100%(직·간접, 유무형)
양의 변수	연차별 현금유입(화폐단위로 표시)	소비자 지불의사의 합(사회적 편익)
음의 변수	연차별 현금 유출, 초기 투자비	사업의 수행으로 인한 자원 소비의 연차별 사회적 기회비용 및 초기투자비
소득과 손실의 가치평가	현재의 시장조건 하에서의 현재가치로 평가	이상적인 시장조건에서 계산되는 경쟁적 잠재가격으로 평가
할인과정	투자자금의 산출된 비용	국채이자율, 사적 투자수익률, 사적 시간선호율, 사회적 시간선호율 등을 고려하여 산출

항목	재무적 타당성	경제적 타당성
법률적 정의	법적 출처, 근거와 상관없이 모든 현금흐름 포함	자금의 원천에 따름 (내부적 vs 외부적, 보조금 vs 대부금)
분배적 형평성	전혀 고려치 않음	정치적으로 결정된 가중치나 제약이 폭넓게 적용
비 고	자금조달, 운영, 회수에 대한 구체적인 계획이 필요	사회적 편익의 측정이 어려운 경우가 있음

경제적 · 재무적 타당성 분석 기법은 일반적으로 회수기간법, 편익 · 비용비율법(B/C), 순현재가치법(NPV), 내부수익률(IRR) 등을 이용하여 투입과 산출의 가치를 비교하는 과정이며 평가기법에 대한 자세한 내용은 다음과 같다.

1) 비용편익비율(B / C : Benefit / Cost Ratio)

비용편익비는 총편익과 총비용을 현재가치로 환산하여 이들의 비율로 사업의 타당성을 판단하는 방법이다. 일반적으로 이 비율이 1 이상이면 사업의 타당성이 있다고 인정되나 비용의 계산보다는 편익의 계산이 어려운 점을 감안하면 편익이 상대적으로 적게 추정될 수 있으므로 단순하게 비용편익비율 한 가지만을 판단근거로 사용한다면 판단의 무리가 따를 수 있다.

$$B/C = \frac{\sum_{t=0}^{n} \frac{B_t}{(1+r)^t}}{\sum_{t=0}^{n} \frac{C_t}{(1+r)^t}}$$

B_t : t년도의 편익
C_t : t년도의 비용
r : 할인율(이자율)
n : 사업의 분석기간

2) 순 현재가치(NPV : Net Present Value)

순 현재가치는 미래의 편익에서 비용을 제외한 일정 금액에 대해 물가상승률 등의 이자율을 고려하여 현재의 가치로 할인한 금액을 의미하며, 이러한 순 현재가치의 계산 방법은 다음과 같다.

$$NPV = \sum_{t=0}^{n} \frac{B_t}{(1+r)^t} - \sum_{t=0}^{n} \frac{C_t}{(1+r)^t}$$

B_t : t년도의 편익
C_t : t년도의 비용
r : 할인율(이자율)
n : 사업의 분석기간

순 현재가치를 이용한 분석방법은 사업의 수행에 따른 가치측정 및 부가가치를 측정하는 것으로, 순 현재가치가 양의 값이면 투자에 대해 긍정적으로 평가할 수 있다. 순 현재가치를 이용하는 장점은 비용의 시간가치 개념을 적용하여 미래의 현금흐름을 직접적인 비교가 가능하도록 오늘날의 가치로 환산하여 평가할 수 있고, 인플레이션과 그의 단계적 상승을 고려할 수 있으며, 사업의 전반적인 상황을 확인할 수 있다는 것이다. 반면에 이 기법의 단점은 미래의 현금흐름과 할인율의 정확성에 따라 분석의 정확도가 좌우되고, 단기간의 사업 분석에 주로 사용되며, 시장 잠재력과 같은 비재무적 자료의 분석이 고려되지 않으며, 일반적으로 고정된 할인율을 사용하여 분석되기 때문에 분석시 유의해야 한다. 이러한 고정된 할인율에 대한 단점을 극복하고자 고안된 방법으로는 변동할인율을 이용한 순 현재가치가 있다. 실제 시장에서는 항상 동일한 할인율이 적용되지는 않는 상황의 적용을 위하여 사업기간에 따른 변동된 할인율을 적용할 필요성이 있는데, 이러한 변동할인율을 고려하기 위해서는 각각의 서로 다른 할인율을 적용하여 할인계수를 계산한 후 현금흐름과의 관계식을 통해 변동할인율을 적용한 순 현재가치를 산출할 수 있다.

3) 내부수익률(IRR : Internal Rate of Return)

내부수익률은 순 현재가치가 0이 되는 할인계수의 값을 의미하는데, 내부수익률의 계산은 시행착오법(trial and error method) 또는 내부수익률에 대한 순 현재가치의 도식적인 표현(plotting)을 통해 산출될 수 있다.

$$\text{내부수익률}(IRR) : R \ when \ \sum_{t=0}^{n} \frac{B_t}{(1+R)^t} = \sum_{t=0}^{n} \frac{C_t}{(1+R)^t}$$

B_t : t년도의 편익, C_t : t년도의 비용

r : 할인율(이자율), n : 사업의 분석기간

내부수익률 분석은 투자회수의 측정이므로 가장 높은 내부수익률을 지니는 사업을 선택하는 것이 바람직하며, 현행의 할인율과 비교하여 판단하는 기회를 제공받을 수 있다. 사업이 바람직한 타당성을 확보하기 위해서는 분석시점의 할인율보다 내부수익률이 커야 한다. 내부수익률을 이용한 분석은 사업기간 동안 동일한 할인율을 적용하기 때문에 사업의 존속기간이 확장되는 경우에 능동적으로 대처할 수 없게 된다는 한계를 지니고 있다.

4) 회수기간(Payback Period)

회수기간은 초기의 실제 자본투자와 재무적인 자본의 획득이 동등해지는 기간을 의미하는데, 회수기간을 이용하여 사업에 대한 투자결정을 판단하는 기준은 허용 회수기간을 설정하고 이 기간보다 짧은 회수기간을 갖는 사업을 선택하는 방법이 사용되고 있다.

회수기간법이 갖는 장점은 간단·편리하고 이미 작성된 현금흐름에 따른 회계상의 자료를 이용하여 작성할 수 있으며, 가장 짧은 회수기간을 선택함에 대한 불확실성을 감소시킬 수 있다는 것이다. 또한 사회적인 수요경향의 변화에 따른 위험이 많은 사업의 선별에 적합하며 짧은 자본 회수기간은 획득과 분배에 대한 차원에서 판단할 때 만족할 만한 단기간의 효과를 거둘 수 있다. 단점으로는 비용의 시간가치를 고려하고 있지 않다는 것인데, 즉 서로 다른 현금흐름의 특성을 지닌 사업이라 하더라도 동일한 회수기간을 지니고 있는 경우에 동일하게 판단될 수 있는 것이다. 또한 회수기간 이후의 현금흐름에 대해서는 고려하고 있지 않으며, 비록 회수기간이 짧다 하더라도 전체적인 현금흐름으로 판단할 경우보다 나은 대안이 존재할 수 있으며, 이러한 대안이 무시될 수 있다는 단점이 있다.

장기간의 사업일 경우, 사업의 결과에 인플레이션이나 할인율이 큰 영향을 미치는 경우 이를 평가하는 기법으로는 적합하지 않고 오직 현금흐름에만 의존하고 있어 다른 재무적 자료에 대한 고려가 무시될 수 있으며, 위험의 존속기간을 감소시킬 수 있을지라도 위험노출에 대한 정량화가 어렵다.

5) 자본회수율(ROI : Return On Investment)

자본회수율은 초기투자에 대한 연평균 이익을 백분율로 나타낸 것으로 계산이 편리하고 사업 전체에 대한 현금흐름을 고려할 수 있으며, 투자의 결과로 도출되는 연평균 이익, 총이익, 총지출, 그리고 자본회수율은 사업관리가 사업의 타당성을 쉽게 이해할 수 있는 지표로 활용될 수 있다는 장점이 있다. 그러나 높은 초기이익이 발생하는 사업이 선호됨에도 불구하고 전체 사업기간에 대한 자본회수율로 판단됨에 따라 사업 후반부에 이익이 발생하는 경우와 구분하여 판단할 수 없는 단점 또한 존재한다.

$$\text{연평균이익} = \frac{\text{총이익} - \text{총지출}}{\text{사업기간(연수)}} \qquad \text{자본회수율(ROI)} = \frac{\text{연평균 이익}}{\text{초기투자}} \times 100$$

6) 사회적 할인율 산정

재정투자사업의 시행으로 인한 비용 및 편익은 어느 한 시점에 국한되는 것이 아니고 여러 해 동안 발생하며 일반적으로 비용은 사업 시행을 위한 연간 투자비로 책정되는데, 이는 보통 3~5년 정도이며 편익은 비용보다 더 장기적인 흐름을 보이고 있다. 이에 따라 경제성 분석에서는 화폐의 시간적 가치를 고려해야 하며, 이는 사회적 할인율 산정에 관한 문제인 바, 사회적 할인율은 현재시점의 가치로 환산하기 위한 도구로써 경제성 분석에 있어서 이의 추정은 편익의 측정과 함께 가장 중요한 부분이다. 따라서 사회적 할인율을 어떻게 규정하느냐에 따라 분석결과가 다르게 나올 수 있다.

예를 들어, 사회적 할인율이 높을 경우 연도별 비용과 편익의 현재가치 환산금액이 작아지는데, 편익이 비용보다 장기적으로 발생하는 것을 감안하면 총 편익이 작아지게 되는 반면에 사회적 할인율을 낮게 책정할 경우 총 편익이 증가하여 경제적 타당성이 높게 평가될 수 있다. 적절한 사회적 할인율의 적용은 경제성 분석결과에 큰 영향을 주기 때문에 과거부터 적절한 사회적 할인율을 추정하기 위하여 많은 연구가 있어 왔으나 지금까지 이에 대한 명확한 결론이 도출되지 않고 있다.

해외 사례를 살펴보면, 미국에서는 일반적으로 공공투자사업인 경우 7%의 할인율을 적용하고 있고 영국의 경우는 정부투자사업에 6% 할인율을 원칙으로 하고 있다. 미국의 7% 할인율은 민간의 한계수익률과 일치하는 값이며 영국의 6% 할인율은 장기자본비용 및 시간 선호율과 일치하는 값으로 추정된 것이다. 우리나라에서는 다양한 할인율이 제시되고 있지만 최근 연구에서는 이자율의 하락에 따라 대체적으로 할인율을 4.5% ~5.0% 정도로 과거보다 낮게 제시하고 있는 추세이며, 일반적으로 3년 만기 국공채 수익률 수준에 준하는 할인율을 적용하고 있다.

2.1.2 리모델링 사업타당성 분석 프로세스

리모델링 사업타당성 분석은 효율직이고 확실한 선축 프로젝트의 결과를 위해 건축물의 리모델링 행위에 앞서 건축물 리모델링의 타당성 및 가능성을 조사, 검토, 분석하여 이에 따른 최적 대안을 선택하도록 하는 행위의 수단이다. 건축물 수명주기의 한계에 의하여 건축물에 문제가 발생하였을 때 그 건축물의 리모델링 결정환경은 리모델링의 발생동기, 프로그램, 사용자 심리, 주변환경 및 대지의 상황, 사회적, 경제적, 문화적, 역사적, 건축적 가치의 정도 및 상호연관성을 고려하여 나타나는 구성요소의 세부요인들을 종합하고 검토, 분석하여, 최종결정 대안을 결정하여야 하는 세부적이고 복합적인 결정사항이다. 따라서 리모델링의 최종안은 역사성, 경제성, 구조성, 안전성, 법규적 요인 등과 세부 단계적 구성단계의 구성요소들을 종합적으로 검토·분석하여야 한다.

리모델링 타당성 작업은 건축프로젝트의 기획, 즉 초기화 단계에서 임의로 설정된 대안의 만족도와 가능성에 대한 분석이며, 리모델링의 실현 가능성의 척도를 나타내는 분석작업이다. 즉 리모델링 타당성 작업을 통해 최적의 실현 가능한 리모델링의 대안을 결정할 수 있다. 이는 주위의 여러 결정대안과 그에 따르는 세부대안 작성지침인 법적, 윤리적, 정치적, 환경적, 물리적, 기술적, 제약들과 제한된 자금이나 인력 등의 범위 내에서 또한 제한된 시간적 틀에서의 실행 가능성을 뜻한다.

건축프로젝트를 실행하던 중 프로젝트의 초기 기획단계에서 최종 완료단계까지의 여러 단계를 거치는 과정에서 위험은 건축프로젝트 전 과정 속에 산재되어 있다. 건축물 리모델링 프로젝트도 리모델링이 내포하고 있는 불확실성과 인간의 능력으로 결정되는 상황이 존재하기 때문에 위험이 존재한다. 건축물 리모델링 행위에 따르는 위험을 완전히 제거하기는 불가능하지만 미래상황에 대한 예측과 실존적 타당성 작업은 건축물 리모델링 행위에서 위험을 최소화하는 작업이다. 이는 타당성 작업을 통해서 리모델링의 실현 가능성을 결정할 수 있다.

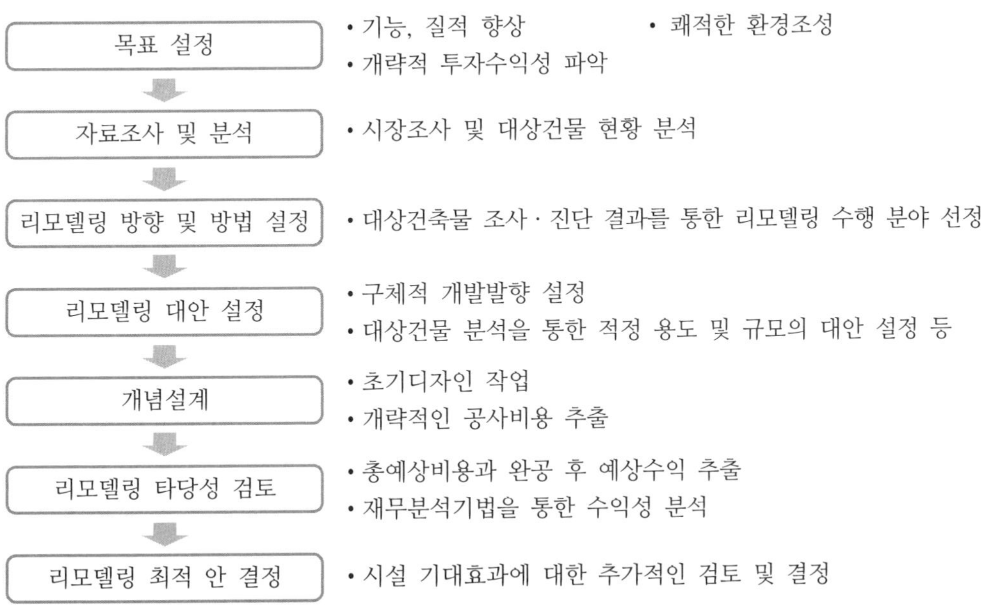

그림 4.1 리모델링 사업성 분석 프로세스의 구성

2.2 공동주택 리모델링 사업타당성 평가방법과 절차

2.2.1 리모델링 사업적 특성

1) 리모델링 제도 변화

리모델링 관련 제도는 2001년 처음 도입된 이후 아래와 같이 사업 활성화를 위해 변화되어 왔다.

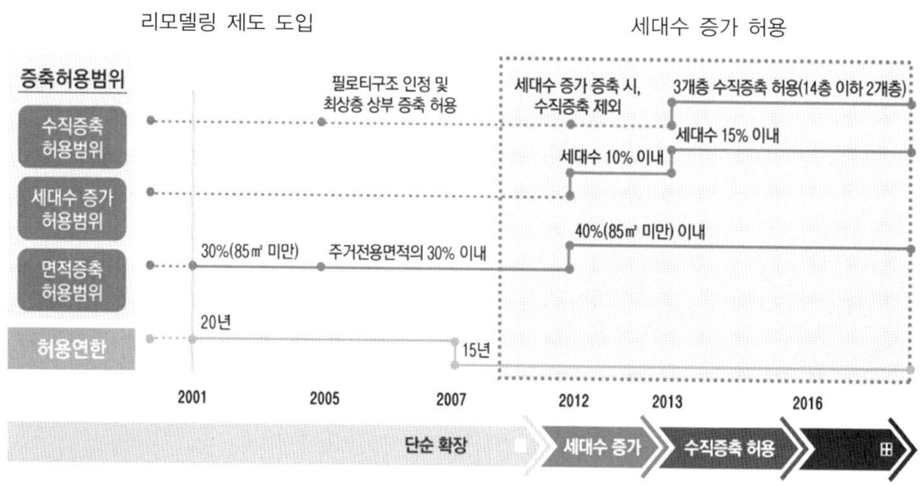

2) 공동주택 현황

우리나라의 공동주택 및 노후 아파트의 현황은 아래와 같이 매우 심각한 상황이다

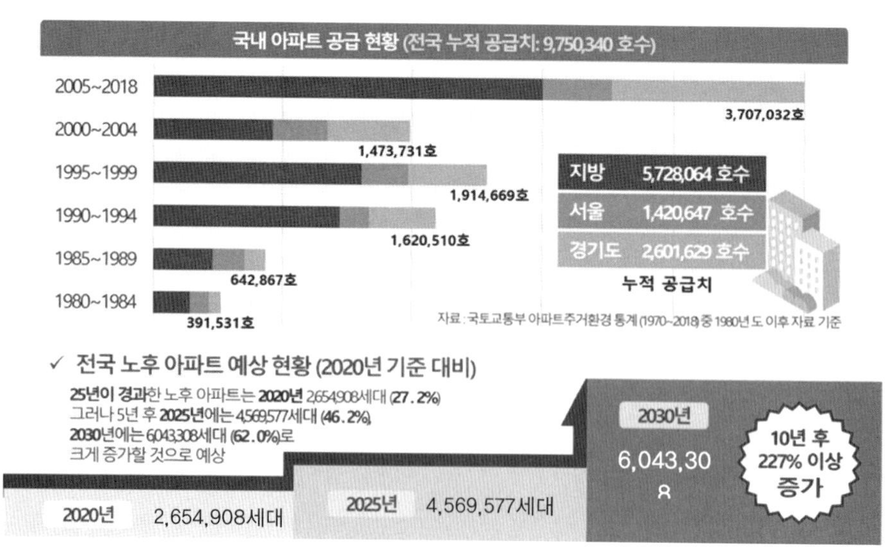

3) 공동주택 변화

우리나라 공동주택은 시간이 지나면서 허용용적률 비롯한 기준들이 일관성 없이 많은 변화를 수반하게 되어 2000년대 이전에 건설된 경우 현재 기준과는 많이 다르고 다양한 형태를 지니고 있음을 인지할 필요가 있다.

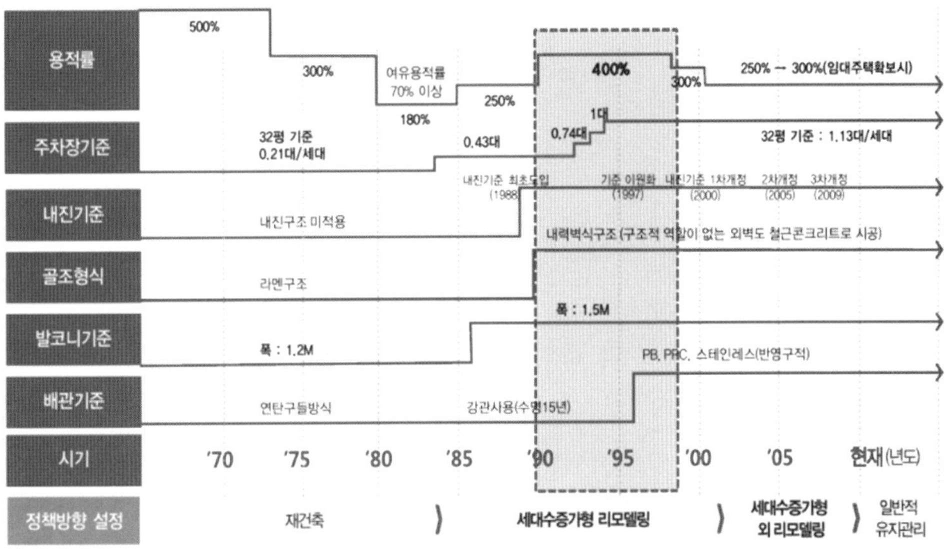

4) 공동주택 변화 상세

공동주택의 변화를 주요 항목별로 보면 아래와 같다.

	1990	1995		2000	
단위세대	2BAY	2/3BAY		3BAY	
계단실	소방 미적용	소방 적용		소방 적용	
지하주차장	별도_지하1층	별도_지하1~2층		연결_지하2~3층	
내진설계	내진설계 미흡	내진설계 미흡		내진(6.0)	내진(6.5)
안전진단	안전진단 B~C	안전진단 B~C		안전진단 A~B	
용적률	~400%	400%	~300%	250~300%	

2.2.2 사업타당성 검토 요소

리모델링사업의 타당성을 판단하기 위해서는 매우 다양한 항목을 조사 및 파악하고, 분석한 필요가 있으며, 해당 요소는 상호간의 관계를 가지고 있어서 복합적으로 판단해야 하는 부분도 많다.

아래 설명은 크게 3가지로 구분하고 세부항목을 기술함으로써 다양한 부분에서 종합적으로 사업타당성을 판단할 필요가 있다.

1) 사업성(경제성)

① 현재 가치 : 현시세
② 리모델링후 가치 : 사업후 예상 시세
③ 예상 비용 : 공사비 + 사업비
④ 일반분양추정가 : 분양 수익 추정을 위한 예상 분양가
⑤ 비례율 : 사업의 수익성 판단 지표
⑥ 투자수익 : 투자 대비 수익률(기회 비용)
⑦ 금융여건 : 금융 한도 및 비용(이자율 및 기간)

2) 여건/설계/기술

① 단지 현황 : 배치, 평형, 향, 세대수
② 증축 가능성 : 수직증축, 수평증축, 별동증축 가능성 및 여건
③ 지역지구 : 종, 지구단위계획구역, 아파트지구, 정비구역
④ 적용 법률 및 조례 : 용적률 상한, 인센티브, 높이제한
⑤ 지하주차 계획 : 지하 계획 가능성, 계단실 지하연결
⑥ 구조 · 토질 : 기초, 배근, 파일, 암반, 지하수
⑦ 인접 대지, 도로, 학교 : 인접 지역지구, 도로, 교통, 교육시설
⑧ 복리시설 : 단지내 입주자 소유가 아닌 부대시설(상가, 유치원, 교회 ...)

3) 단지 특성

① 주거환경 & 연한 : 사용경과연수, 재건축 가능성, 주거트렌드 수준

② 개발 욕구 : 주변 신축대비 평가, 개발필요 비율

③ 주변 추진 현황 : 지역내 추진 상황

④ 부동산 호재 : 현재 및 향후 개발호재(교통, 교육, 이전, 개발...)

⑤ 주민 동의율 : 사업추진 동의 여론, 사전동의율, 조합설립동의율

⑥ 주차대수 : 단지내 차량, 주차장 부족 상황, 주차 용이성, 전기차

⑦ 증축 욕구 : 평형 증대 기대 비율

⑧ 브랜드 : 현재 브랜드, 비교 브랜드, 주변 브랜드 상황

2.2.3 사업타당성 검토 프로세스

리모델링 사업의 타당성 검토는 2.2.2의 검토 항목들을 아래 절차에 준용하여 사업 타당성을 평가해 볼 수 있다.

기존 현황 검토	리모델링 사업기획	리모델링 추정계획	경제성 추정	공감대 형성
기존설계도서 지역지구 규제조건 지자체 조례 구조, 기초 지질조건 정북일조 완화 적정성 교육환경 평형, 평면 증축 가능성 별동 가능성 부속시설 ...	증축 비율 증축 방법 증축 방식 세대수증가 지하주차장 별동 신축 출입구 재건축분석 규모 비용효율성 ...	조합원 평형 분양 평형 세대수 주차장 규모 연면적 용적률 경제성 기반 ...	현재 시세 미래 시세 분양가 공사비 사업비 난이도 추정분담금 비례율 수익성 ...	추진의지 추진조직 추진계획 간담회 설명회 협력업체 동의율 확보 ...

2.2.4 사업타당성 참고 사항

사업타당성 항목을 판단 시 사전에 참고할 필요가 있는 사항은 다음과 같다.

1) 분양

사업성 분석시 중요한 요소인 분양수입에 대해 추정하는 방법들과 세부적으로 검토하고 주의할 사항은 아래와 같다.

① 방법

- 원가법 : 분양원가(토지비+공사비+금융비+영업비용+수익) 분석 및 개발수익 고려
- 비교사례법(요인비교법) : 주변 유사 입지 및 조건의 아파트의 시세를 참고 사례토대 부동산가격에 영향을 미치는 요인(가격형성요인)을 비교분석
- 수요공급법 : 분양시점기준 유사유형 부동산의 과거 및 현재의 수요, 공급 동향 분석

② 검토 사항

- 분양승인 : 30세대 이상 세대수 증가시
- HUG 고분양가 기준

심사규정 개선 방향

구분	현황	개선(안)
인근시세 산정기준	• 모든 사업장 조사 - 인근 준공 20년 내, 100세대 이상 기준의 인근 아파트 평균 시세	• 유사 사업장 조사 - 단지특성 사업안전성이 유사한 아파트 평균시세
비교사업장 선정기준	• 분양 및 준공 비교 사업장 중 하나만 선정 가능 - 점수 기준을 미충족하는 경우	• 분양 및 준공비교 사업장 각각 선정 - 점수 기준을 미충족 시 조건을 완화
지역 평균분양가	• 지역분양가 수준을 고려하여 조정	• 지역분양가 수준을 합리적으로 결정 - 시군구 또는 시도 평균 분양가 고려
심사세부기준 공개범위 확대	• 심사 가이드라인 공개 - 심사 개요 수준	• 심사 세부기준 추가 공개 - 심사평정, 하한점수, 건축 연령별 가산율 및 심사평점에 따른 가감률 등

• 분양가 상한 지역
• 지자체 제한
• 수요, 교통, 교육, 기반시설, 향후 호재, 주변 환경, 부동산 및 금리 예측, 공원, 편의시설 등 제반 사항 고려

2) 리모델링 법규현황 및 완화조항

각종 법규에 기준, 완화조항에 대해 파악은 사업성검토시 오류를 방지할 수 있다. 특히 리모델링의 경우 법제도를 그대로 준수하기보다는 여러 가지 완화를 받아야 하는 부분이 많으므로 해당 가능성에 대한 판단이 사업계획 및 사업성에 중요한 영향을 미친다.

구분	관련법 · 제도	
정의 및 범위	• 건축법	• 주택법
사업추진 방법 및 절차	• 주택법 및 같은 법 시행령 • (고시)리모델링 시공자 선정기준 • (고시)주택건설사업 기반시설 기부채납 운영기준	
리모델링 성능기준	(주택법 위임) • (대통령령)주택건설기준 등에 관한 규정 • (고시)공동주택의 소음측정기준 • (고시)벽체의 차음구조 인정 및 관리기준 • (고시)증축형 리모델링 안전진단기준 • (고시)수직증축형 리모델링 전문기관 안전성 검토 기준 • (고시)수직증축형 리모델링 구조기준 • (고시)공동주택 결로 방지를 위한 설계기준 • (고시)공동주택 바닥충격음 차단구조인정 및 관리기준 • (고시)에너지절약형 친환경주택의 건설기준 • (고시)건강친화형 주택 건설기준	
	(건축법 위임) • (부령)건축물의 구조기준 등에 관한 규칙 • (부령)건축물의 설비기준 등에 관한 규칙 • (부령)건축물의 피난 · 방화구조 등의 기준에 관한 규칙	
특례 및 완화 사항	• 건축법 및 건축법시행령 • 주택법	• 국토의 계획 및 이용에 관한 법률 • 도정법 및 도정법 시행령
조세 및 금융지원 등	• 조세특례제한법	• 지방세특례제한법

근거	완화 및 특례조항
건축법 제5조(*)	• 제42조(대지의 조경) • 제43조(공개 공지 등의 확보) • 제46조(건축선의 지정) • 제55조(건축물의 건폐율) • 제56조(건축물의 용적률) • 제58조(대지 안의 공지) • 제60조(건축물의 높이 제한) • 제61조(일조 등의 확보를 위한 건축물의 높이 제한)제2항
주택법 제76조	• 「집합건물의 소유 및 관리에 관한 법률」 제12조(공유자의 지분권) 및 제20조(전유부분과 대지사용권의 일체성) 제1항 • 「주택임대차보호법」 제4조(임대차기간 등) 제1항 • 「상가건물 임대차보호법」 제9조(임대차기간 등) 제1항
주택건설기준 등에 관한 규정 제7조 제12항	• 제9조(소음방지대책의 수립) • 제9조의2(소음 등으로부터의 보호) • 제14조(세대 간의 경계벽) • 제14조의2(바닥구조) • 제15조(승강기등) • 제64조(에너지절약형 친환경 주택의 건설기준 등)
국토의 계획 및 이용에 관한 법률 시행령 제83조 제2항	• 제72조(경관지구안에서의 건축제한) • 제74조(고도지구안에서의 건축제한)

3) 지자체 관련 규정

리모델링사업성은 법규 외에도 해당 지역 지자체의 조례 및 기준에 따라서도 변동 여지가 발생되므로 해당 지자체의 규정에 대한 확인이 필요하다.

① 서울시 사례

서울시의 경우 리모델링 운용기준이 별도로 마련되어 있으므로 이를 고려한 사업 계획 및 사업성 분석할 필요가 있다.

서울형 리모델링 운용기준 비교

항목	계획기준	21. 11 공람(안)	22. 08 변경(안)	비고
기반시설정비	대상지 주변 기반시설(도로, 공원) 정비	최대 20%	최대 10%	(-10%)
친환경 건축물(1개 이상 의무)	서울시 녹색건축물 설계기준	최대 20%	우수 2% 최우수 4%	용적률 인센티브 적용 기준 강화
	녹색건축물+에너지 효율등급	-	3~7%	
	제로에너지 건축물(ZEB) 인증	-	8~12%	
	신재생에너지 공급률 적용	-	1~3%	
	전기차 충전소 설치	-	최대 4%	
지능형 건축물	지능형건축물(Intelligent Building) 인증	10~20%	최대 10%	지능형 홈네트워크 설비 기준 삭제
지역 친화 시설 설치 (2개 이상 의무)	공공보행통로, 열린놀이터, 쌈지공원	최대 30%	최대 8%	
	지역공유시설 설치	최대 10%	4~8%	
	담장허물기	최대 10%	최대 4%	
	개방형 주차장 조성	-	최대 8%	
	보도형, 차로, 부속형 전면 공지 조성	-	최대 8%	
가로 활성화	상업용도 등 가로활성화 용도	최대 10%	최대 4%	
주요정책 반영	세대구분형 주택(멀티홈) 도입	최대 5%	2~6%	
	시, 군 주요정책 반영 (건축위원회 심의에서 인정하는 경우)	최대 10%	최대 10%	

② 용인시 사례

수도권 대다수 지역이 해당 지자체의 지구단위계획 등의 편입되어 있는 경우가 대다수이므로 해당 지역의 지구단위계획내 리모델링 규정에 대한 확인도 필요하다.

기정	변경(안)
〈수지1 택지개발지구 지구단위계획 시행지침〉	〈수지1 택지개발지구 지구단위계획 시행지침〉
제1장 총칙	제1장 총칙
제5조(용어의 정의) 제①항 1~7(생략)	제5조(용어의 정의) 제①항 1~7(현행과 같음) 8. "리모델링"이라 함은 「주택법」 제2조 제25호에 따른 리모델링을 말한다.
제2장 공동주택용지	제2장 공동주택용지
제1조~제15조(생략)	제1조~제15조(현행과 같음)

기정	변경(안)
	제16조(리모델링에 대한 특례) 가. 공동주택을 주택법 및 주택관계법령(건축법 포함)이 정하는 바에 적합하게 리모델링 하는 경우에는 해당 법령에 따르되, 용적률은 도로 등 주변 기반시설 용량 및 주변 여건을 고려하여 용인시 도시계획조례 제55조에 따른 허용범위 내에서 건축심의를 통하여 결정한다. 단, 녹색건축물 조성지원법 및 건축법 등 다른 법률에 따라 용적률을 완화 받는 경우 국토의 계획 및 이용에 관한 법률 시행령 제85조에 따른 당해 용도지역별 용적률까지 완화할 수 있다. 나. 건축물의 높이에 관한 규정은 건축법에 따른다. 단, 경관법 및 용인시 경관조례에 의하여 경관심의를 받는 경우 경관심의 결과에 따른다.

③ 용적률

리모델링사업성 요소 중 매우 중요한 항목으로 용적률을 들 수 있다. 대지면적당 지상층 건설가능한 면적의 비율인 용적률은 리모델링 자체적인 사업성 분석시에도 중요하고, 재건축사업과의 비교분석상으로도 중요한 사항이다. 소유주들이 판단시 재건축과 리모델링사업을 비교분석해 봄으로써 리모델링사업의 성공가능성도 추정해 볼 수 있는 요소일 것이다.

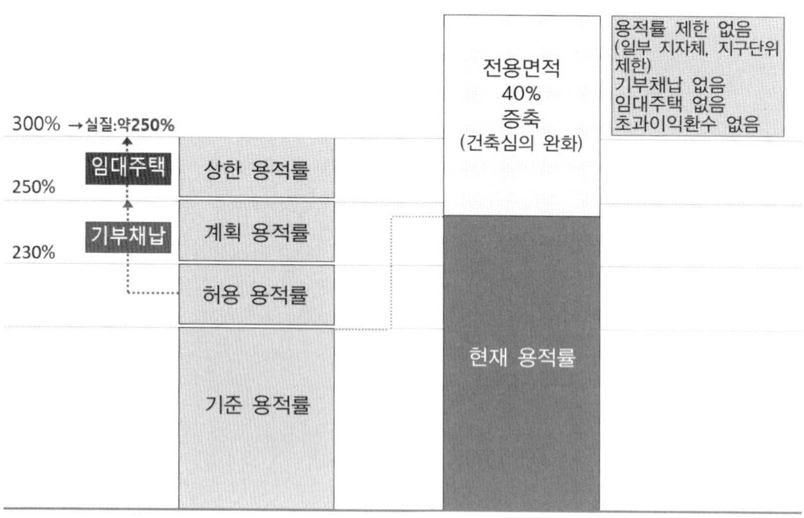

3. 리모델링 사업성 평가

3.1 일반건축물 리모델링 사례

1) 사업 추진배경 및 목적

서울시 도심에 위치한 세종문화회관 소극장은 1978년 개관 이래 국내 · 외에서 우수 공연장으로 자리매김해 왔으나, 시대적 변화에 따른 일부 건축물과 무대기계 및 각종 설비의 노후화로 공연장의 기능 저하 및 성능과 안전도가 저하되어 양질의 공연 서비스를 관람객에게 제공하지 못하고 있는 실정으로, 새로운 공연장 환경의 추구 및 다양한 공연 양식을 요구하는 관람객의 질적 향상을 수용하고, 공연장 기능의 향상과 이에 부응하는 쾌적한 환경조성으로 관람객의 편의 증진과 수준 높은 공연을 지속하기 위해 리모델링 공사를 실시하였다.

(1) 시설의 노후화와 안전

본 시설은 20여 년 이상 운영해왔기 때문에 기기가 심각하게 노후화되어 있어 이에 대한 시급한 보완이 필요하며, 또한 각종 기기의 노후화로 인해 관객과 공연자의 안전에 위험을 가져올 수 있는 다양한 요인들이 존재하므로 이에 대한 보완이 필요한 실정이다.

- 소극장 무대 기기의 노후화로 인한 내구성, 기능성, 유지관리 성능이 떨어짐
- 무대의 노후로 인해 공연자의 안전에 위험요인을 내포하고 있음.
- 기기의 노후화로 인해 각종 위험에 노출되어 있으며 기기의 낙후성으로 에너지 효율이 떨어짐.
- 화재 등과 같은 위험상황에 관객의 안전을 위한 조치들이 미흡한 실정임.
- 낙후된 공조설비 등으로 인해 실내환경이 열악함.
- 로비부분의 인테리어가 노후화되어 있으며 외부소음에 취약한 실정임.
- 객석은 실내마감의 노후화로 인해 음향 성능이 떨어지고 외부소음으로 인해 공연 관람에 장애가 있음. 또한 실내 단열성능이 떨어져 쾌적성이 떨어짐.

(2) 건축계획의 문제점 개선

소극장은 내부 시설의 기능개선뿐만 아니라 건축계획적 측면에서도 많은 불합리한 요인을 갖고 있다. 따라서 소극장 리모델링시 이러한 사항들이 함께 보완될 필요가 있을 것으로 판단된다.

- 소극장을 이용하기 위해서는 세종문화회관 중앙에 위치하고 있는 데크플라자와 연결되어 있는 계단을 통해서만 가능하므로 노약자, 장애인 등에 대한 접근성이 현저히 떨어지기 때문에 접근성을 개선할 수 있는 방안이 모색되어야 함.
- 소극장의 로비와 데크의 활용도가 떨어지기 때문에 이를 함께 활성화시키는 방안이 모색될 필요가 있음.
- 소극장 동의 층별 기능은 불합리한 측면이 있어 향후 이에 대한 보완이 필요할 것으로 판단되며, 보완의 방향은 각 기능의 활성화와 연계를 통한 시너지 효과를 볼 수 있는 방향으로 해야 할 것임.

(3) 소극장의 역할 개선

현재의 소극장은 회전율이 매우 높은 편이나 대관 공연의 80% 이상이 독창회, 독주회 등 특성이 없는 공연으로 이루어지고 있다. 이는 종합문화공간으로서의 세종문화회관 소극장의 위상에 걸맞지 않으므로 소극장을 다양한 전문공연을 수용할 수 있는 현대적 전문공연시설로서 수준을 높일 필요가 있다.

- 소극장은 세종문화회관의 위상과 역할에 걸맞은 전문소공연장으로서의 역할을 수행해야 함.
- 다양한 전문공연을 수행할 수 있는 시설여건을 마련할 필요가 있음.
- 공연에 필요한 음향, 조명, 무대 장비들이 현대적 전문공연시설로서의 역할을 수행하기에는 낙후되어 있음.

2) 사례 대상 건축물의 개요

(1) 건축개요

- 규　모 : 지하 3층, 지상 6층
- 연면적 : 55,043㎡(1978년 4월 개관) (소극장 : 1,000평)
- 용　도 : 공연장, 회의실, 연회장, 전시장, 사무실 등

(2) 주요 층별 기능 현황

- 1층 : 레스토랑, 홀, 로비 등
- 2층 : 미술관 신관(구관 : 지하 1층)
- 3층 : 소극장, 소극장 로비
- 4층 : 소극장 상부 객석 등

표 4.2 층별 평면도

구분	1층	2층
도면	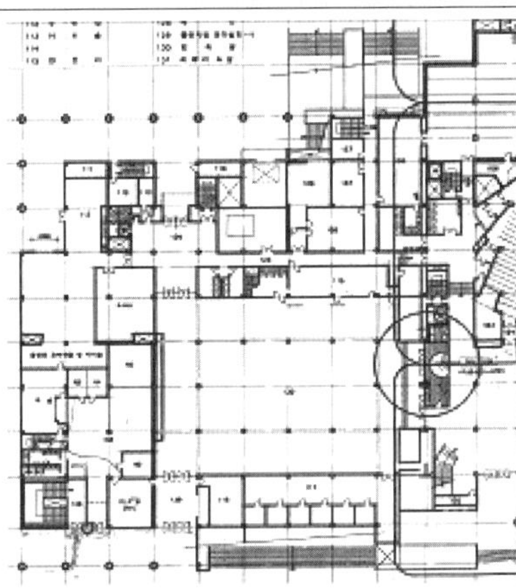	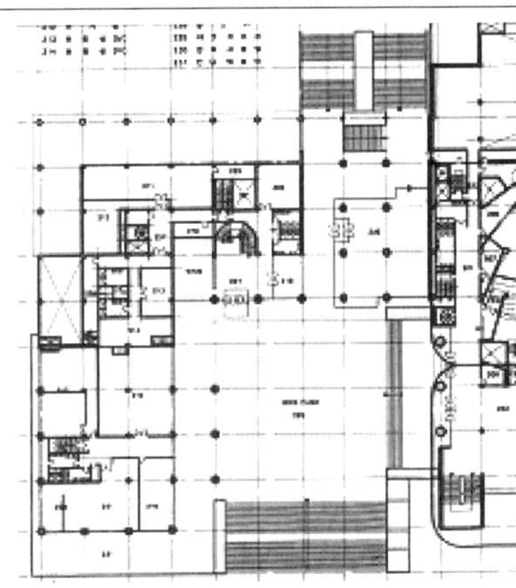
기능	커피숍, 레스토랑, 관리실	미술관

구분	3층	4층
도면	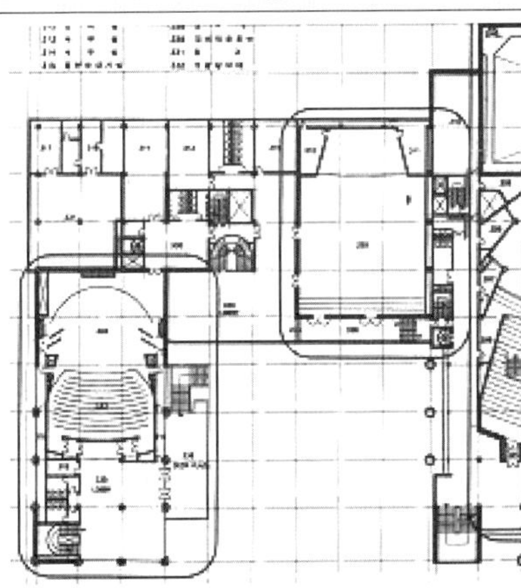	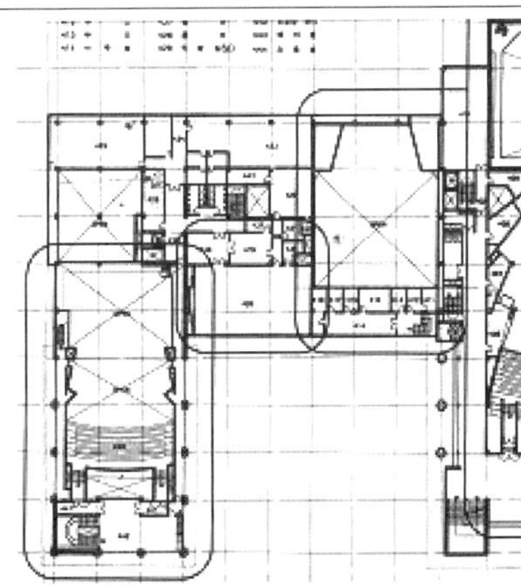
기능	소극장, 로비, 데크플라자, 창고, 공연부대시설, 사무실	소극장 상부, 객석, 로비, 사무실

구분	5층	6층
도면	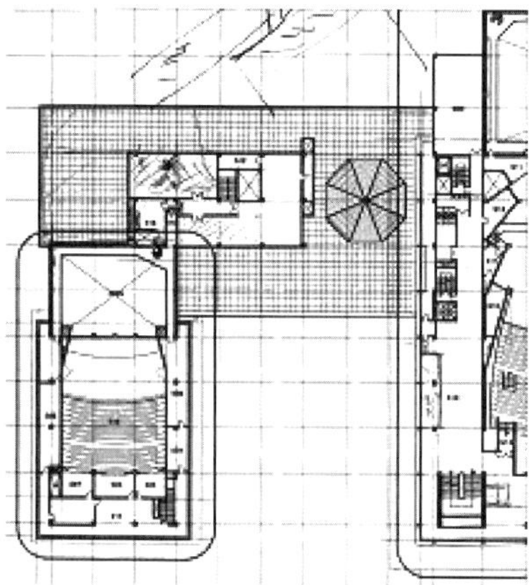	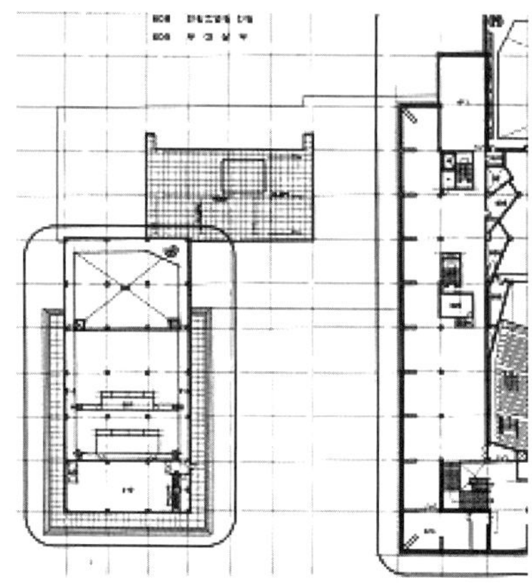
기능	영사, 음향관련실, 전기 및 기계실	공조실

(3) 소극장 공연 및 시설 사용현황

극장의 공연은 자체공연과 대관공연으로 나뉘며 관객은 유료관객과 초대관객으로 구분되어 있다. 소극장의 경우 2004년 공연일수가 자체공연 111일, 대관공연 191일, 공연횟수가 자체공연 167일, 대관공연 208일로 나타났으며, 자체공연인 경우 1일 2회 공연이 대관공연보다 많은 것으로 나타났다. 대관공연인 경우 유료관객보다 초대관객이 많은 것으로 나타났으며, 대관공연이 주로 독창회, 독주회, 단체행사공연 등으로 이루어지고 있는데, 이는 소극장 무대시설이 다양한 시설을 요구하는 공연환경에 대응하지 못하고 있는 현상으로 판단할 수 있으며, 공연일수 10일이 공공기관(서울특별시, 경찰청 등) 행사로 되어 있다.

표 4.3 소극장 공연 유형과 관람객(2004년 기준)

구분	공연		관람객		
	공연일수	공연횟수	유료	초대	합계
자체공연	111	167	26,113	10,523	36,636
대관공연	191	208	18,715	33,131	51,846
행　　사	10	10	–	4,001	4,001
계	312	385	44,828	47,655	92,483

2004년도의 주요 공연현황을 살펴보면 장기공연의 경우 자체공연이 대부분을 차지하고 있으며, 대관은 주로 개인 독주회, 독창회를 중심으로 이루어지고 자체공연 중 공공공연단체의 정기연주 및 공연이 단기간 이루어졌음을 알 수 있다.

표 4.4 세종문화회관 2004년 공연현황

월	공연명	공연형태	월	공연명	공연형태
1	MBC어린이 뮤지컬	자체	7	독주회, 독창회, 음악회, 콘서트	대관
2	헨젤과 그레텔 퓨전심청 독주회	자체 대관 대관	8	무대점검 프라하인형극단 빅트립 독주회	 자체 대관
3	독주회, 독창회 중심	대관	9	독주회, 독창회 서울시극단 연극	대관 자체
4	연극 피그말리온 독주회, 독창회	자체 대관	10	서울시극단 연극 서울시 교향악단 독창회. 독주회 김유정 봄봄봄(경기문화전당)	자체 자체 대관 대관
5	서울시향 정기연주회 독주회, 독창회	자체 대관	11	독창회, 독주회 서울시 교향악단	대관 자체
6	프랑스 관련 행사 하늘과 바람과 별과 시 동아국악 콩쿠르	자체 대관 대관	12	독창회, 독주회 서울시 교향악단	대관 자체

시설의 위치와 활용현황을 살펴보면, 3층에 위치하고 있는 소극장 공연을 관람하기 위해서는 우선 세종문화회관 2층 데크플라자에서 계단을 이용해 3층 소극장 로비로 진입하는 방법이 유일하며, 극장무대 뒤로 무대 관련 부대공간(창고, 출연자 대기실, 분장실, 도구실 등)이 자리 잡고 있다. 이상의 검토결과 소극장은 독립성이 너무 강조되어 있으며, 다른 시설과의 관계가 적고 진입로가 한정되어 있었다.

3) 대상 건축물의 리모델링 경제성 분석

먼저 소극장 리모델링 공사에 대한 재무 및 경제성 분석을 실시하는 데 있어 다음의 사항을 고려하였다. 본 사업이 신규 건립사업이 아닌 리모델링 공사임을 감안하여 리모델링 공사로 인한 변동사항만을 적용하였으며, 대관공연 장르 변동을 제외하고 공연장 운영(수입 및 운영비 항목)과 관련된 사항은 2004년 세종문화회관 운영보고서를 인용하여 동일하게 운영된다는 전제하에 분석을 실시하였다.

리모델링 공사비는 리모델링 범위에 따라 공사비가 달라지는 공연장의 특성으로 인해 유사 사례 선정의 어려움이 따르기 때문에 대극장 공사비와 전문기관의 의견을 반영하여 공사비를 적용하였으며, 경제성 분석에 적용되는 편익은 리모델링으로 인한 자산가치 상승분과 다양한 장르의 공연에 대한 대관으로 인한 대관 수입 상승분을 적용하였다. 세종문화회관의 여러 시설 중 소극장만을 리모델링 공사 범위에 포함시켰으나, 재무 및 경제성 분석을 하는데 있어서 소극장 부분만을 분리시키는 것에 어려움이 있어 세종문화회관 전체에 대한 재무 및 경제성 분석을 실시하였다.

(1) 리모델링 범위

소극장 리모델링의 필요성을 고려한 리모델링 범위는 소극장 출입부 및 로비부분 개선, 기계설비, 전기설비, 소방방재설비, 무대바닥 · 음향 · 조명 등이 될 것으로 판단된다. 본 연구에서는 공연시설의 무대가 전문시설임을 감안하여 관련 설비의 교체와 장비 도입 여부는 소극장 무대안전성 검사 의견과 소극장 및 시설 조사 그리고 관련 전문업체의 의견을 종합적으로 검토하여 제시한다.

표 4.5 소극장 리모델링 범위

구 분		내 용
시설	건축 분야	객석부분 : 의자, 객석천장, 벽체, 바닥 교체 로비 개선 공사 및 접근성 개선 분장실, 화장실, 복도, 공조실 개선 외부창문, 출입문 개선 소극장 진입 데크를 비롯한 진입부분 개선
	전기설비 분야	소극장 조명자동제어시스템 설치 소극장 로비전등 및 객석 천장 등기구 및 배관배선 교체 소극장 무대상부 동력 승압 소극장 객석 및 로비의 동력조작반 및 케이블 교체
	기계설비 분야	매립 배관 보수 및 교체 소극장 냉 · 난방시스템 변경 덕트 내부 보온재 교체
	소방방재 분야	전화단자함 교체 현행 소방 법규에 적합한 방화구획 공사 노후된 소화전 배관 교체 소화설비의 보완

구 분		내 용
무대	무대설비 분야	무대바닥 교체 무대기계 개보수 음향시스템 개보수공사 Lowe & Upper Hori 교체공사 Dimmer Rack 증설 및 조명회로공사 실링, 사이드프런트 조명기구 교체 Dry-Ice Machine구매 Follow spot 구매 음향반사판 등기구 교체 설치 Gallery Tower 공사 프로젝트 고정설치공사

(2) 리모델링 개략비용 산정

세종문화회관 소극장 리모델링 공사비 산정에 있어서 공연장의 경우 리모델링의 범위와 마감자재의 종류 및 수준에 따라 공사비가 크게 차이난다. 특히, 무대 및 전기통신시설 보수의 경우 교체장비의 종류와 질에 따라 비용의 차이가 크기 때문에 유사사례 검토를 통한 공사비 산정이 어렵다.[1] 따라서 리모델링 개략 공사비용 산정은 세종문화회관 대극장 리모델링 공사비와 공연시설 관련 전문기관의 의견을 반영하여 산정하였다.

① 리모델링 공사비

앞에서 정리한 리모델링 범위에 한정하여 리모델링 공사비를 산정한 결과 공사비는 약 104.59억원 정도 소요될 것으로 보이며, 시설 개·보수를 위해 약 59억원, 무대 개·보수를 위해서는 약 46억원의 공사비가 소요될 것으로 산정되었다.

단, 설계 및 감리비 등의 부대비를 포함한 총공사비는 부대비 10.37억원을 포함하여 약 114.95억원으로 산정되었다.

1) 무대시설에 대한 리모델링 공사비 산정은 설명한 것과 같이 교체장비의 종류와 질에 따라 비용이 크게 차이가 나기 때문에 개략 공사비를 산정하는 것에 무리가 있으나, 전문 기관에서 450석 규모의 소공연장에 대한 무대 관련시설 개략 공사비를 산출한 결과를 살펴보면 수준에 따라 기계, 음향, 조명 공사에 대해 10~40억 정도의 공사비가 소요됨을 알 수 있다.

표 4.6 소극장 리모델링 사업비 내역

(단위 : 백만원)

구분		산출 기초	금액
총 계			11,495.5
공사비 소계		공사비=8,8864.85	10,459
공사비	시설	건축공사 : 3,356	5,855
		기계설비 공사 : 1,153	
		전기설비 공사 : 290	
		통신설비공사 : 224	
		방재설비공사 : 832	
	무대	무대설비공사 : 460	4,603
		기계설비공사 : 1,879	
		음향설비공사 : 1,605	
		조명설비공사 : 509	
		영상설비공사 : 150	
소계			1,037.5
부대비	설계비	3.28%×10,459 백만원	343.0
	감리비	1.41%×10,459 백만원	147.5
	시설부대비	0.23%×10,459 백만원	24.1
	예비비	5.00%×10,459 백만원	522.9

* 설계 및 감리비율은 과학기술부 공고 제2004-123호 '엔지니어링 사업대가의 기준'에 준하여 산정하였으며, 시설부대비는 기획예산처 2006 예산편성지침에 준하여 산정하였음.
* 공사비 대비 부대비 비율은 공사의 성격에 따라 다소 차이가 날 수 있음.
* 본 시설은 전문공연시설로서 별도의 음향설계를 수행할 필요가 있으며, 이에 대한 비용을 추후 확보해야 할 필요가 있음.
* 설계과정에서 전문적인 컨설팅을 받을 경우 예비비 범위 안에서 가능

4) 공사기간 적정성 여부

리모델링 공사의 경우 일반적으로 신축 시 공사기간 산정을 위해 적용하는 설계용역편람을 기준으로 한 공사기간 산정방법을 적용하는 것은 무리가 있을 것으로 판단되어, 유사시설의 리모델링 공사기간을 검토한 결과는 다음과 같았다. 예술의 전당 음악당, 국립극장 등 유사시설의 리모델링을 검토한 결과 6개월 가량의 공사기간으로 충분히 리모델링 공사를 마칠 수 있을 것으로 판단됨에 따라 본 시설이 공연시설임을 감안하여 공사기간에 각종 설비 및 장비의 충분한 테스트 기간이 포함되어 있어야 한다.

표 4.7 유사시설 리모델링 공사기간

구분	예술의 전당 음악당	세종문화회관 대극장
규모	연건평 9,569m^2(5,930평)	
객석 수	콘서트 홀 2,600석/ 리사이틀 홀 400석	3,048석
리모델링 공사기간	2005년 1월~2005년 5월 (5개월)	2002년 12월~2004년 2월 (14개월)

5) 분석 및 평가

(1) 소극장 리모델링 재무성 분석

리모델링 공사의 범위는 소극장으로 한정되어 계획되고 있으나 세종문화회관 전체에서 소극장만을 분리하여 재무 및 경제성을 분석하는 데에는 무리가 따르므로 세종문화회관 전체를 대상으로 하여 재무 및 경제성 분석을 실시하였다.

소극장 리모델링 공사범위는 소극장으로 한정되어 있어 있으나, 리모델링 공사로 인한 재무 분석을 실시하는 데 있어서 소극장만을 분석하는 것이 바람직하지만 소극장은 세종문화회관의 일부 시설로 소극장만을 별도로 재무 분석을 하는 것은 현실적으로 많은 어려움이 따른다. 따라서 본 연구에서는 세종문화회관 전체에 대한 재무 분석을 리모델링 전후로 비교하여 실시하였다.

리모델링 공사 전후의 재무 분석결과는 다음과 같다.

① 리모델링 전

순 현재가치(NPV) 및 B/C Ratio를 통한 재무분석 결과 순 현재가치가 0보다 작고 B/C Ratio가 0.290으로 나타났으며, 연 운영수입은 96.8억원, 연 지출은 333억원[2)]으로 연간 약 240억원의 적자가 발생하였다.

구 분	분석결과
40년간 수입의 현재가치 합계	178,219,345천원
40년간 지출의 현재가치 합계	614,060,872천원
B/C Ratio	0.290
NPV	-435,841,527
비고	-

2) 본 연구에서는 세종문화회관 전체에 대해 재무 분석을 실시하였으므로, 본 장에서 적용한 연 운영수입 및 연 지출은 세종문화회관 전체의 운영수입 및 지출임

② 리모델링 후

리모델링 공사기간인 6개월 동안은 소극장에 대한 운영수입 및 공연사업비 지출은 없는 것으로 간주하여 산정하였으며, 리모델링 공사 후의 경우 추가지출로 리모델링 공사비가 발생하며, 연간 운영수입이 약 60백만원 정도 증가하는 것으로 나타났다. 순 현재가치(NPV) 및 B/C Ratio를 통한 재무분석 결과 순 현재가치가 0보다 작고 B/C Ratio가 0.288로 나타났으며, 연 운영수입은 97.4억원, 연 지출은 334억원으로 연간 약 240억원의 적자가 발생하였다.

구 분	분석결과
40년간 수입의 현재가치 합계	179,080,799천원
40년간 지출의 현재가치 합계	623,702,978천원
B/C Ratio	0.288
NPV	-444,622,179
비고	-

(2) 리모델링 경제성 및 편익분석

세종문화회관 소극장 리모델링에 국한된 경제성 분석과 재무 분석을 동일하게 분석하는 것은 현실적인 어려움이 있으므로 세종문화회관 전체를 대상으로 소극장 리모델링 사업기간 및 사업완료 후 변동되는 편익과 비용을 산정하여 실시하였다.

소극장 리모델링 공사로 인한 경제성 분석을 실시하였으며, 이를 위해 적용된 편익을 리모델링 공사기간과 공사 후로 나누어 살펴보면 다음과 같다.

- 리모델링 공사기간 - 소극장 운영 중단으로 인한 공연행사비 감소분
- 리모델링 공사 후
  - 공사비 투입으로 인한 건물 자산가치 상승분
  - 공연시설 개선으로 종합구성물 대관비율 상승으로 인한 대관 수입 상승

① 리모델링 공사기간 동안의 편익

소극장 운영 중단으로 공연행사비가 감소할 것이며, 공연행사비 감소부분은 운영비 감소편익으로 산정하였다. 대극장 및 소극장 자체공연에 대한 공연당 행사비를 산정한 후 소극장 자체공연 횟수를 적용하여 소극장 공연행사비를 산정하였다. 산정된 2,839백만원은 연간 소극장 공연행사비이므로 공사기간인 6개월에 대한 공연행사비를 산정하였으며, 이때 월별 공연행사비 투입 분은 동일한 것으로 간주하였다. 따라서 공연행사비 감소분은 1,419.5백만원으로 산정되었다.

② 리모델링 공사 후 편익

• 건물가치 상승분

세종문화회관 소극장 리모델링으로 세종문화회관 전체의 자산가치가 상승할 것으로 예상되며, 자산가치 상승분은 유사시설 극장 리모델링의 사례 검토를 통해 산정하였다.

○○극장의 경우 2004년 리모델링 공사를 마무리한 뒤 ○○극장 전체의 자산가치가 2003년 202억원이었던 것이 2004년 말 364억원으로 산정되었는데 리모델링 공사비가 약 180억원이 투입된 것을 감안하면 공사비 전체가 건물의 자산가치 상승에 영향을 미친 것으로 판단[3)]할 수 있다. 세종문화회관의 경우 2004년 대극장 리모델링 공사 후 세종문화회관 건물에 대한 감정평가를 실시한 결과 건물 감정평가액이 1999년 564억원에서 2004년 786억원으로 상승하였는데. 이는 대극장 리모델링 공사비는 220억원이 세종문화회관의 건물가치에 반영된 결과라 판단된다. 따라서 세종문화회관 대극장과 ○○극장의 사례와 같이 리모델링 공사비 투입 분을 리모델링 공사로 인한 건물가치 상승분에 적용하도록 하며, 소극장 리모델링 공사비가 115억원 소요된 것을 감안하여 세종문화회관의 자산가치가 115억원 상승한 것으로 산정하였다.

• 대관 수입 증가

세종문화회관 소극장의 공연현황을 검토한 결과 자체공연의 경우에는 종합공연과 클래식 공연의 공연비중이 유사한 규모로 운영되고 있는 ○○극장과 크게 차이나지 않았으나, 대관공연의 경우에는 80% 이상이 개인 독주회 및 독창회로 이루어지고 있는 실정이었다. 이는 소극장 공연시설이 종합구성물에 대한 지원을 원활하게 하지 못하고 있기 때문에 종합구성물에 대한 대관 수요가 부족해 공연장 가동률을 높이기 위한 방안으로, 독창회 및 독주회 등의 공연에 대한 대관이 이루어지기 때문이라 판단된다.

현재 세종문화회관 소극장의 경우 클래식 공연과 종합공연에 대한 대관료가 다르게 책정되어 있으므로 소극장 리모델링이 이루어졌을 경우에 종합공연에 대한 지원이 가능해지므로 대관 수입이 증가할 것으로 판단된다.

---

3) 신축 건물에 대한 자산가치를 평가하는 경우에도 토지가 및 신축공사비가 자산가치에 반영되고 있음.

표 4.8 리모델링 전후 장르별 공연비율 및 횟수

구분		뮤지컬	연극	무용	음악	기타	계
리모델링 전	공연비율	8.6%	3.4%	4.8%	80.2%	2.9%	100%
	공연횟수	18	7	10	167	6	208
리모델링 후	공연비율	35%	34%	20%	8%	3%	100%
	공연횟수	73	67	42	21	6	208

행사를 위한 대관을 제외하고 대관공연 중 종합공연에 대한 공연비율을 증가시켰을 경우 대관 수입은 연간 약 60백만원 정도 증가할 것으로 보인다.

표 4.9 리모델링 후 대관 수입 증가분

(단위 : 천원)

	산출 내역	금액
리모델링 전	클래식 공연 [173회×1,086,250]+종합공연물 [35회×1,485,000원]	239,896
리모델링 후	클래식 공연 [27회×1,086,250]+종합공연물 [182회×1,485,000원]	299,599
대관 수입 증가분	-	59,703

③ 기회비용 산정

리모델링 공사기간 동안의 소극장 운영 중단으로 인한 운영수입 감소분이 기회비용으로 작용하므로 경제성 분석을 하는 데 있어서 기회비용 증가분이 고려되어야 한다. 2004년 세종문화회관 소극장 운영현황 검토를 통해 소극장의 자체 및 대관공연에 대한 수입현황을 검토한 결과 연간 소극장 운영수입은 376,291천원으로 나타났다. 따라서 소극장 리모델링 공사기간 6개월 간의 소극장 운영수입 감소분은 188,146천원으로 산정되었다.

(단위 : 천원)

구분	자체공연 수입	대관 수입	계
연간 소극장 운영수입	83,767	292,524	376,291

④ 비용/편익 분석

경제성 분석은 다른 조건은 동일하다는 전제하에 리모델링 전후의 편익과 지출 항목에서 변동요인만을 적용하여 산정하였다. 리모델링 기간 동안 소극장 운영중단으로 인한 운영비 감소분을 편익으로, 운영수입 감소분을 기회비용으로 적용하였으며, 리모델링 후의 자산가치 증가분은 115억원 및 운영수입 증가분 60백만원을 편익으로, 공사비 투입부분 115억원을 비용으로 적용하여 산정하였다. 순현재가치(NPV) 및 B/C Ratio를 통한 경제성 분석결과 순 현재가치가 0보다 크고 B/C Ratio가 1.156으로 경제적 타당성이 있는 것으로 나타났다.

구 분	분석 결과
40년간 수입의 현재가치 합계	12,926,645천원
40년간 지출의 현재가치 합계	11,180,522천원
B/C Ratio	1.156
NPV	1,746,123
비고	-

경제성 분석에는 리모델링 공사비 투입으로 인한 자산가치 상승분이 편익으로 포함되어 B/C Ratio가 1보다 크게 나타났다. 이러한 특성을 고려하였을 때 공사비가 증가할수록 경제성이 높아지는 경향을 보이기 때문에 B/C Ratio가 1보다 크게 나타났다는 결과치가 경제적 이익이 높다는 것을 의미하는 것은 아니므로 B/C Ratio를 절대적인 판단기준으로 하여 본 리모델링 공사의 타당성을 설명하는 데에는 무리가 있을 것으로 보이며, 시설의 노후화 및 안정성 측면에서의 타당성에 더 많은 비중을 두는 것이 바람직할 것으로 사료된다.

(3) 소극장 리모델링으로 인한 정성적 기대효과

세종문화화관 소극장은 공공재의 성격을 갖는 공연장으로서 순 현재가치 및 B/C Ratio를 활용한 재무 및 경제성 분석을 통해 건립 및 리모델링 타당성을 판단하는 것은 무리가 있을 것으로 보이며, 수치화할 수 없는 정성적 기대효과에 대한 추가적인 검토가 필요할 것으로 판단된다. 이에 소극장 리모델링으로 인한 정성적 기대효과를 살펴보면 다음과 같다.

① 종합문화센터로서의 위상 정립

소극장의 공연장 내부 및 외부 진입부에 대한 리모델링 공사를 실시함으로써 소극장이 다양한 장르의 소규모 공연에 대한 지원이 가능하며, 이를 통해 대극장, 미술관, 컨퍼런스 홀 등과 함께 세종문화회관이 종합문화센터로서의 역할을 충실히 수행할 수 있을 것으로 기대된다.

② 소극장의 인지도 향상

소극장의 하드웨어적인 시스템인 내·외부공간에 대한 리모델링이 이루어짐으로써 접근성 및 소극장 진입부에 대한 인지도가 향상될 것으로 기대되며, 소프트웨어적인 시스템에 대한 재정비를 통해 시민들이 쉽게 공연을 관람하게 할 뿐 아니라 외부공간과의 연계성을 향상시킴으로써 시민의 쉼터로서의 역할을 하는 등 소극장이 시민문화공간으로 자리매김하는 것이 가능할 것으로 판단된다.

이상과 같이 소극장 시설의 안전성, 역할, 경제성을 검토한 바 소극장의 리모델링 사업은 시의적절한 것으로 판단된다.

6) 소결

리모델링은 신축과 달리 기존 건물의 성능과 기능을 향상시켜 건물의 재사용이 가능하도록 하는 공사로써 신축공사보다 많은 어려움이 있고, 이에 적절히 대응하기 위해서는 사전에 철저한 점검과 계획된 절차에 의해 수행되어져야 한다. 건설 리모델링 사업은 기존 건축물의 자원을 재활용함으로써 비용절감, 공기단축, 폐기물 발생 억제 등의 다양한 장점을 가지고 있으며, 자산가치의 상승 및 수익창출의 기회를 제공하고 있다.

따라서 자원절약에 효율적이며 건축물의 가치 상승과 수명유지에 매우 효과적인 리모델링 사업의 정착과 확산을 위해서는 확실한 근거 하에 건축물 리모델링의 타당성 조사를 통해 경제성 분석이 확인된 후에 시행되어야 한다. 리모델링 등 사업타당성 조사에서 수익성은 여러 가지 전제조건의 수치에 따라 큰 차이를 보이기 때문에 전제조건의 타당성 및 실현 가능성에 대한 면밀한 검토가 필요하며, 재무 및 경제적 분석은 절대적인 기준이 될 수 없기 때문에 추가적으로 정성적 기대효과를 검토할 필요가 있다.

또한 수량적으로 파악할 수 없는 제반 요소들(예를 들면, 경영진의 경영능력, 종업원의 기술 숙련도, 기업문화 등)도 장기간에 걸친 사업과정에 큰 비중을 차지하기 때문에 신중히 고려할 필요가 있다.

3.2 공동주택 리모델링 사례

3.2.1 설계적 검토 예시

1) 현황 및 대지 분석

대상지의 지역적, 위치적, 입지적 여건을 종합적으로 분석한다.

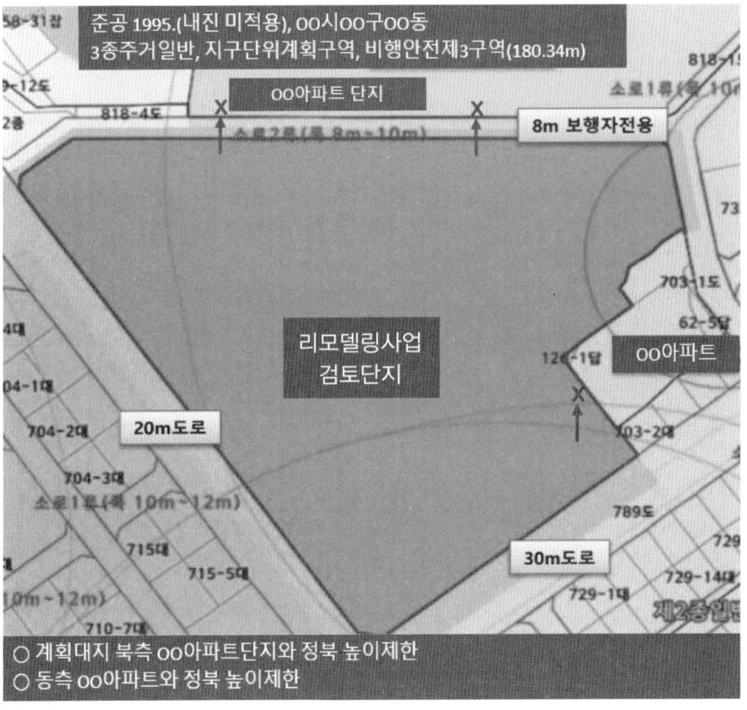

2) 배치 분석

대상지 내의 시설물과 도로의 배치, 공지, 일조 및 조망 관계 등을 분석한다.

3) 개요 추정

앞서 분석한 여건 및 배치, 규모 등을 분석하여 리모델링 예상 개요를 추정하되 사업적인 요소 및 소유주 니즈 등을 고려하여 계획한다.

① 조합 4%, 일반분양 15.5% 적용함. 전용면적 증가률 약 20%(○○시 지구단위 300% 이하 고려)

- 전용면적 증가분이 적어서 우려 有

② 사업성 검토가 우선 시 되어야 함

- 현재 매매가 A타입 8억, B타입 9억, C타입 11억
- 인근 신축(4년 전) 매매가 A타입 12억에 형성되어 있음

③ 현재 O베이, 대형 타입, 주차 세대당 OO대로 조합원의 리모델링 니즈 우려

④ 조합원 동의률이 중요한 사항이며, 특화로 조합원 니즈 향상 필요

- 세대분리형으로 임대수익 창출, 호텔식 서비스 고급 주거

⑤ 건폐율 18%로 대지 여유는 있으나, 민원 가능성 신축 위치임

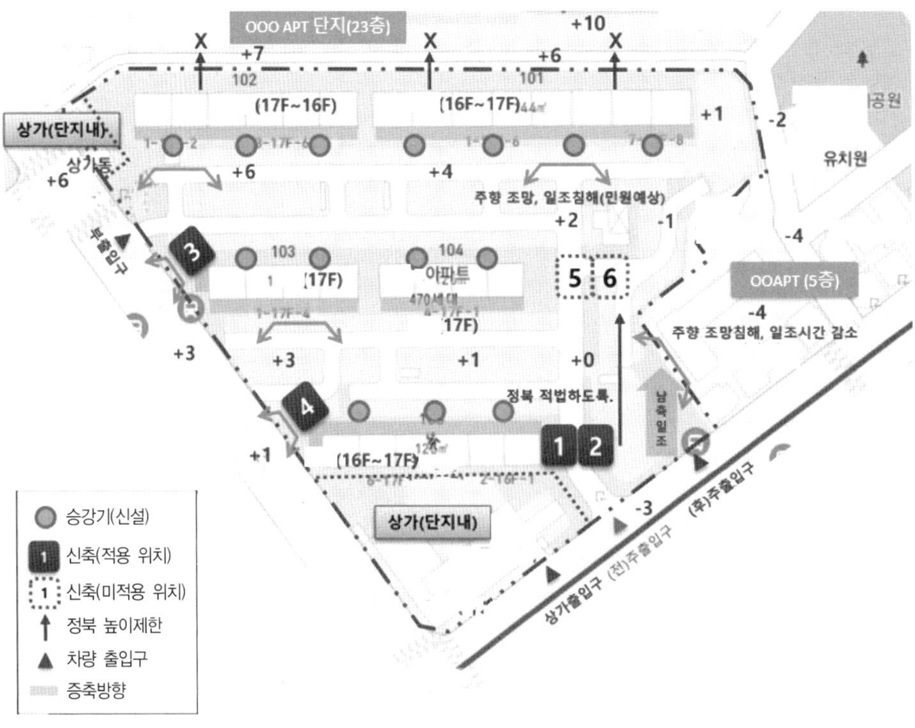

○ 도로사선제한, 교육환경보호, 지구단위, 주차장 연결, 복리시설, 레벨, 비용 효율성 등 검토
○ 101, 2동은 정북높이제한 및 지하주차동선 고려하여 남측에 승강기 설치(기존 3베이+코어 형태이나 민원우려 有)
○ 101, 2동 정북높이제한으로 필로티 형성 불가
○ ①~④번 위치 신축 시 18~19층, 70세대(법정 최대) 확보(인근 신축 사례)
○ ⑤, ⑥번 위치는 101동 민원이 예상되어 신축 미적용(해당 단지는 주민 동의가 사업진행의 keypoint)
○ 주출입구 – 부출입구 기준 단차 약 9m 차이(남低북高)
○ 기존 지하주차장 101, 2동 남측에만 有, 103, 4동 남측에는 無(지질 여건의 사유로 추정)
○ 105동 좌측 지반조사 자료 GL – 5.7m 연암층 발현

구분	전	리모델링 후(예상)	비고
대지면적	㎡	좌동	
연면적	73, ㎡	121,029㎡	전용 증가 %
용적률	20 %	293.53%	지구단위구역
건폐율	18%	22%	
층수	지상17층	지상19층	
세대수	4 세대, 5개동	540세대, 5개동	최재+70세대
전용면적			
일반분양	-		
주차	5 대(1. 대/세대)	810대(1.5대/세대)	(전)지상417, 지하168
주차장	지하1층	지하2층	(데크 주차 포함)

3.2.2 사업성 검토 예시

계획한 사업개요를 바탕으로 사업성을 검토하되, 검토결과에 따라 사업계획을 수정하거나 조정해 보고 최상의 분석 결과를 도출하여 사성타당성을 분석한다.

1) 공동주택 리모델링 예시

사업지 현황	사업명	○○○단지 아파트 리모델링 사업			위치	○○도 ○○시 ○○구 ○○동 ○○
	준공년월	○○○	대지면적(㎡)	10,000	층수/세대수	지하○층, 지상○층/○○세대
	기존 용적률	200%	변경 용적률	290%	추진현황	조합설립 동의율 확보 중

■ 리모델링 전 아파트 현황

(단위 : 만원)

구분	전용면적		공급면적		계약면적		세대수	현재 시세		전용면적 대비 증축 가능 비율
	㎡	평	㎡	평	㎡	평		세대	평당 (공급면적)	
24평형	59.0㎡	17.8평	80.0㎡	24.2평	96.0㎡	29.0평	500	70,000	2,893	40%
32평형	84.0㎡	25.4평	106.0㎡	32.1평	127.2㎡	38.5평	500	90,000	2,807	40%
계	71,500	21,500	93,000	28,133	111,600	33,759	1,000	80,000,000*	2,844	

* 80,000,000 : 단지 전체 시세(세대별시세의 합)=500세대×7억+500세대×9억

■ 리모델링 후 조합원 아파트 현황

(단위 : 만원)

구분	변경 전용면적		변경 공급면적		변경 계약면적		세대수	면적증가(평)		비고
	m²	평	m²	평	m²	평		전용대비	공급대비	
29평형	71.98m²	21.8평	95.98m²	29.0평	153.57m²	46.5평	500	3.9	4.8	
38평형	100.80m²	30.5평	125.70m²	38.0평	201.12m²	60.8평	500	5.1	6.0	
계	86,390	26,133	110,840	33,529	177,344	53,647	1,000			

※ 단, 리모델링 후 최대 증가 전용면적(증가비율 : 85m² 이하는 전용면적×40%, 85m² 초과는 전용면적 ×30%, 공용부분 면적 별도) 총계(m²) : 28,600
28,354

※ 28,600 : 증가가능 최대 전용면적의 합=59m²*40%×500세대+84m²×40%×500세대
28,354 : 리모델링계획 전용면적의 합=86,390m²(기존세대 전용면적 합)+7,343m²(증가세대 전용면적의 합)
28,600범위 내 확인

■ 리모델링 후 일반분양 아파트 현황

(단위 : 만원)

구분	전용면적		공급면적		계약면적		세대수	분양가		비고
	m²	평	m²	평	m²	평		세대	평당 (공급면적)	
29평형	71.98m²	21.8평	95.98m²	29.0평	153.57m²	46.5평	60	116,136	4,000	
38평형	100.80m²	30.5평	125.70m²	38.0평	201.12m²	60.8평	30	152,097	4,000	
계	7,343	2,221	9,530	2,883	15,248	4,612	90	6,968,148	2,417	

■ 예상 사업비용

(단위 : 만원)

사업비 (계약면적 평당)		조합부분(리모델링)			일반분양분			계		
공사비	사업비	공사비	사업비	소계	공사비	사업비	소계	공사비	사업비	총계
650	60	34,870,264	3,218,794	38,089,058	2,998,075	276,745	3,274,820	37,868,339	3,495,539	41,363,878

■ 예상 사업수입

(단위 : 만원)

조합원 분양수익 ※ 일반분양가 대비 100%					일반분양 수익					비고
공급 평형	공급 평당가	세대수	세대별 분양가	평형별 총액	공급 평형	분양 평당가	세대수	세대별 분양가	평형별 총액	
29평형	4,000	500	116,136	58,067,900	29평형	4,000	60	116,136	6,968,148	
38평형	4,000	500	152,097	76,048,500	38평형	4,000	30	152,097	4,562,910	
계		134,116,400			계		11,531,058			

■ 개발이익 비례율

(단위 : 만원)

구분	금액
조합원 리모델링 전 평가금액	80,000,000
조합원 리모델링 후 평가금액	134,116,400
일반분양 수익합계	11,531,058
조합원분 사업비용	38,089,058
일반분양분 사업비용	3,274,820
개발이익 비례율(%)	130.4%

※ 비례율(%)=(총수입-총사업비)/종전평가금액×100

■ 권리가액 및 예상 분담금

(단위 : 만원)

기존평형	리모델링 전 가액	비례율	권리가액	리모델링 후 평형	리모델링 후 가액	예상분담금
24평형	70,000	130.4%	91,248	29평형	116,136	24,888
32평형	90,000	130.4%	117,319	38평형	152,097	34,778

※ 권리가액=종전가액×비례율(%)

※ 예상분담금=조합원 분양가-권리가액

연습문제

Exercises

연 · 습 · 문 · 제

1. 다음은 고전학파의 가치이론과 관련된 내용이다. 거리가 먼 것은?

① 생산의 3대 요소는 토지, 노동, 자본이다.

② 가치란 재화가 가지고 있는 어떤 내재적 질(intrinsic quality)에 의해 결정된다.

③ 가치란 어떤 재화나 용역이 다른 재화나 용역을 교환의 대상으로 지배하는 힘이다.

④ 고전학파의 가치란 주로 사용가치(Value in use)를 의미하고, 가격은 교환가치(Value in exchange)를 나타내는 것으로 구분된다.

2. 가치를 결정하는 것은 수요와 가격이라고 보는 학파는?

① 한계효용학파　　② 고전학파

③ 신고전학파　　④ 신한계효용학파

3. 다음 중 한계효용학파 가치이론과 관계가 먼 것은 ?

① 시장의 힘에 의해 비용과 가치가 같아지는 경향은 있지만 생산비가 가치를 결정하는 요인은 아니다.

② 한계효용(Marginal utility)은 재화를 한 단위 더 소비했을 때 얻는 효용이다.

③ 객관적 효용보다 주관적 효용을 중시하였다.

④ 가치 결정에 시간개념을 도입하여 단기에는 수요가 재화의 가치에 영향을 미치지만, 장기에는 생산비가 가치에 영향을 미친다고 주장하였다.

4. 다음 중 가치(Value)에 대한 주요 이론에 대한 설명 중 틀린 것은?

① 고전학파인 애덤 스미스(Adam Smith)는 재화의 가치는 생산요소들이 결합되어 재화가 만들어질 때 창출되는 것이라고 보았다.

② 고전학파인 애덤스미스는 가치와 가격(Price)을 동일시 하였다.

③ 한계효용학파는 고전학파를 부정하며 탄생하였으며 재화의 가치는 한계효용에 의해 결정되는 것이지 생산비에 의해 결정되는 것은 아니라고 주장하였다.

④ 신고전학파인 어빙 피셔(Irving Fisher)는 가치란 "장래 기대되는 편익을 현재 가치로 환원한 값"이라고 정의하였다.

5. 가치이론에 대한 학파별 가치인식에 따라 부동산의 가치평가방법도 크게 '비용성-시장성-수익성' 3가지 측면에서 접근된다. 다음 중 연결이 올바른 것은?

① 원가방식 – 비용성의 원리 – 신고전학파 – 가격(가치)

② 비교방식 – 시장성의 원리 – 한계효용학파 – 가격(가치)

③ 수익방식 – 수익성의 원리 – 고전학파 – 가격(가치)과 생산

④ 비교방식 – 시장성의 원리 – 한계효용학파 – 생산비

6. 부동산 가치평가 방법에 대한 설명으로 적합하지 않은 것은?

① 주요 경제학파에 의해 주장된 가치이론을 기반으로 한 가치평가 방법을 전통적인 부동산 가치평가 방법이라 한다.

② 전통적 부동산 가치평가를 위한 접근방법은 비용접근법(Costapproach), 시장접근법(Market approach), 소득접근법(Income approach)이 있다.

③ 비용접근법에 의한 가치 평가는 대상 부동산의 토지, 건축물 재생산 비용 또는 대체비용, 건축물 감가상각액을 추계하여 합산한다.

④ 시장접근법은 부동산의 가치는 단순히 비교 가능한 부동산의 매매정보뿐만 아니라 수익성에 영향을 주는 많은 시장상황도 고려하는 방법이다.

7. 현금흐름할인법(DCF) 상 순운영소득 추계 시 가능조소득에서 차감하지 않는 항목은?

① 공실손실충당금 ② 부채서비스액(Debt Service)

③ 영업경비 ④ 불량부채

8. 부동산 가치이론에 의한 가치평가방식을 세 가지로 구분한다. 이에 해당되지 않는 것은?

① 비용접근법(원가방식) ② 소득접근법 (수익방식)

③ 거래접근법 (적산방식) ④ 시장접근법(비교방식)

9. 리모델링의 범위에 대한 설명이다. 거리가 먼 것은?

① 리모델링을 단계로 분류하면 3단계로 구분할 수 있다.

② 대수선은 전면적 개보수에 해당되는 2단계로서 건축물의 기둥, 보 내력벽 등의 구조나 외부형태를 수선·변경하거나 증설에 해당된다.

③ 증축에는 세대수 증가형 증축과 수직증축이 있다.

④ 부분적 수선은 내부 인테리어 수준으로 창틀, 전용부분의 마감재 등을 교체하는 수준이다.

10. 주택법 제2조제4호가 규정하는 준주택은 주택 외의 건축물과 그 부속토지로서 주거시설로 이용가능한 시설 등을 말한다. 다음중 준주택에 해당하지 않는 것은?

① 도시형생활주택　　② 기숙사

③ 다중생활시설　　④ 오피스텔

11. 비용접근법(원가방식)을 적용하여 리모델링 가치평가할 때 내용년수를 조정하는 방법 중 다음이 설명하는 방식은?

개량·수선이 고려되며 감가의 개별성이 고려되나 기능적/경제적 요인을 반영하지 못하는 한계가 있으며, 건물의 구조를 개량하거나 냉난방 시설 같은 새로운 부가물, 증치물이 설치된 경우 적용됨

① 실제경과년수법　　② 유효경과년수법

③ 잔존내용년수법　　④ 관찰감가법

12. 다음은 시장분석에 대한 설명이다. 옳지 않은 것은?

① 부지분석은 지역의 경제활동분석, 경제기반분석, 인구분석, 소득수준 분석, 교통체계분석, 성장과 개발의 상태분석 등이 있다.

② 근린분석은 지역분석을 토대로 대상이 되는 부지의 인접지역의 경제기반, 교통흐름, 근린지역 내 토지이용 등의 경쟁상태 및 동향 등을 동태적 변화를 분석하는 것을 의미한다.

③ 수요분석은 개발 대상 부동산에 대한 유효수요를 분석하는 것으로 경쟁력, 인구, 추세 등을 분석한다.

④ 공급분석은 개발 대상 부동산과 경쟁관계에 있는 다른 부동산의 상태를 분석

하는 것으로 공실률 및 임대료의 추세, 공공편익시설의 상태, 건축착공량과 허가량, 지역의 도시계획, 건축비용 등을 분석한다.

13. 임대주택 리모델링의 가치평가에 대한 설명으로 거리가 먼 것은?

① 민간임대주택에서 리모델링은 주로 재산가치 상승을 목적으로 한다.

② 민간임대주택은 개별 소유주체가 일정비용을 부담하며 의사결정을 한다.

③ 공공임대주택은 공적자산으로 사회적 차원의 재원으로 충당하며, 제도 틀 안에서 의사결정이 이루어진다.

④ 공공임대주택의 타당성분석은 공적자산이 투입되기 때문에 비용을 중심으로 재산 가치에 주안점을 둔다.

14. 공공임대주택의 경제적 가치평가방법에 대한 설명으로 적절하지 않은 것은?

① 공공임대주택의 리모델링 가치평가는 공익가치 평가 측면의 접근이 필요하다.

② 편익/비용 비율(B/C ratio) 등의 계산을 통하여 사업의 경제성·재무성을 파악한다.

③ 리모델링에 의한 자산가치의 증가를 위하여 재건축에 준하는 주택 면적 변경 등으로 경제적가치 향상을 통한 효용의 증가가 필요하다.

④ 간접편익인 거주자 지불의사금액(Willing to payment)과 직접편익인 임대수입도 함께 고려해야 한다.

15. 공공사업의 예비타당성 조사제도에 대한 설명으로 맞지 않는 것은?

① 총사업비가 100억원 이상인 공공건설공사의 시행절차는 기본구상 → 예비타당성 조사 → 타당성 조사 → 기본계획 → 기본설계 → 실시설계 → 시공/감리 → 준공 → 사후평가/유지관리 순서이다.

② 예비 타당성조사의 주요 대상사업은 총사업비 300억원 이상, 국고 100억원 이상인 대규모 신규 사업이다.

③ 예비타당성 조사 대상 사업은 기존 사회간접자본에서 정보화, R&D, 사회복지, 문화관광, 산업·중소기업 분야 등으로 확대되고 있다.

④ 예비타당성 조사는 기획재정부 주관으로 대규모의 신규 사업의 타당성을 객관적·중립적인 시각에서 사전 조사하는 제도이다.

16. 건설사업 타당성평가와 관련된 설명이다. 적절한 설명이 아닌 것은?

① 타당성 분석(feasibility analysis)이란 계획하고 있는 개발 사업이 투자 자본에 대한 투자자의 요구수익률을 확보할 수 있느냐의 여부를 분석하는 것을 말한다.

② 경제적 타당성분석보다 물리적 타당성과 제도적 타당성이 우선되어야 한다.

③ 요구수익률(required rate of return)이란 투자자가 다른 대안에 투자하더라도 얻을 수 있는 수익률로 최소한의 기대수익을 의미한다.

④ 타당성분석방법에 의해 분석한 결과 투자자의 요구수익률을 충족시킬 수 있는 경우에 그 투자사업은 타당성이 있다고 말한다.

17. 공공투자사업의 수행절차와 관련된 내용을 설명한 것으로 적합하지 않은 것은?

① 시행절차는 기본구상 → 예비타당성 조사 → 타당성 조사 → 기본계획 → 설계 → 시공 → 준공 → 사후평가 순서이다.

② 예비타당성 조사는 기획재정부 주관으로 대규모 신규 사업의 타당성을 객관적이고 중립적인 시각으로 사전조사하는 제도를 말한다.

③ 예비타당성 대상사업은 총사업비 500억원 이상, 국고 300억원 이상인 대규모 신규 사업을 말한다.

④ 장시간에 걸쳐 많은 비용 투입이 예상되는 단계에 따라 총사업비가 이전 단계에 비하여 현저하게 변화할 가능성이 있어, 건축공사부분에는 예비타당성 조사 지침이 정립되어 있다.

18. 리모델링 사업비 분석의 단계별 흐름으로 적합한 것은?

① ①대상건물 파악 → ②사전조사 및 진단 → ③리모델링 규모 및 기본방향 결정 → ④실시설계 및 리모델링 견적 → ⑤공사계약 체결 → ⑥건축신고 및 허가 → ⑦공사착공 및 준공

② ①대상건물 파악 → ②리모델링 규모 및 기본방향 결정 → ③사전조사 및 진단 → ④실시설계 및 리모델링 견적 → ⑤공사계약 체결 → ⑥건축신고 및 허가 → ⑦공사착공 및 준공

③ ①대상건물 파악 → ②사전조사 및 진단 → ③리모델링 규모 및 기본방향 결정 → ④실시설계 및 리모델링 견적 → ⑤건축신고 및 허가 → ⑥공사계약 체결 → ⑦공사착공 및 준공

④ ①대상건물 파악→②리모델링 규모 및 기본방향 결정→③사전조사 및 진단→④실시설계 및 리모델링 견적→⑤건축신고 및 허가→⑥공사계약 체결→⑦공사착공 및 준공

19. 리모델링 견적시 불확실(Risk)사항에 대한 설명으로 거리가 먼 것은?

① 공사도중 건축주의 잦은 설계변경에 따른 공사비·공사기간 증가 문제
② 기존 자료가 부실한 상태의 견적에 따른 추가 공사비 증가 문제
③ 저층에 따른 리모델링공사비는 가설비와 자재운반비가 상대적으로 많이 든다.
④ 기존 시설 이용 시에는 임대자가 있는 상태에서 공사시 공기중단 및 지연 등의 문제 발생 가능

20. 리모델링 견적 시 사업기획 단계에서 검토해야 할 사항이 아닌 것은?

① 발주자의 경제적 규모
② 리모델링 범위 설정
③ 현장조사를 통한 입지분석 및 건물현황조사
④ 각 부분의 노후화 상태조사

21. 기존 건축물의 도면이 있는 경우 도면 작성을 위한 조사내용으로 적합하지 않은 것은?

① 설계도서와 건축물의 비교
② 실측에 의한 구조체 치수 및 배근상황 조사
③ 콘크리트 및 철근의 강도조사
④ 콘크리트 탄산화 깊이조사

22. 리모델링을 위한 철거 및 보수보강과 관련된 설명으로 틀린 것은?

① 기존 골조에 영향을 최소화할 수 있게 철거공사를 실시해야 한다.
② 신속한 철거를 진행하기 위해 기계로 철거를 진행하며, 기계로 철거하는 것이 비용이 더 많이 소요된다.
③ 전면적 보수시에 철근이 부식되어 있는 개소를 포함한 주변 개소에 대해서도 테스트해머로 타격하여 콘크리트의 박리가 우려되는 곳 전부 보수한다.
④ 보수공사의 범위는 회복목표 레벨, 보수공법 등에 따라 구조물의 내하력에 영향을 미치지 않도록 부분적인 보수와 전면적인 보수 등으로 나누어 설정한다.

23. 리모델링 보수보강공사시 부위별 균열보수공법으로 적절하지 않은 것은?

① 조적벽체 균열보수 : 에폭시 수지 주입공법
② 실내슬래브 균열보수 : 에폭시수지 건식공법
③ PIT층 골조면 불량 부위 : 수지모르타르 바르기
④ 발코니, 천장 누수 부위 균열보수 : 습식 균열보수공법(폴리우레탄 그라우팅공법)

24. 다음 구조 보수 및 보강공사에 대한 설명 중 옳지 않은 것은?

① 휨전단균열이 폭 0.2mm 이하인 경우 무수축 모르타르를 충전한다.
② E.V기초 Pile 구조 성능 개선을 위해서 마이크로파일 보강공법을 적용한다.
③ 기둥, 보의 구조 성능개선을 위해서는 강판보강공법을 적용한다.
④ 슬래브의 구조 성능개선을 위해서는 탄소섬유보강공법을 적용한다.

25. 사업타당성평가에 대한 개념을 정의한 것이다. 관계가 적은 것은?

① 사업타당성 평가의 최종목표는 재무 분석을 통하여 투자 수익성을 파악하고, 계속하여 그 사업을 추진할 것인가를 결정하는 것이다.
② 사업타당성 조사는 충분한 정보를 수집, 종합 분석하는 창조적이고 목표지향적인 합리화의 과정이다.
③ 사업타당성 평가는 주관적이고 독립적인 평가를 함으로써 투자의 위험성을 줄이기 위한 시설투자 사전 과정이다.
④ 사업타당성 평가는 사업수행 전의 준비로 사업운영 결과를 예상, 평가하는 구조적 방법(Systematic Method)이다.

26. 재무적 타당성분석 방법에 대한 설명과 거리가 먼 것은?

① 사업의 주체가 투자 및 운영비 지출에 대응할 만큼 충분한 대가를 기대할 수 있는가를 평가하는 것이다.
② 재무적 타당성분석을 효과적으로 수행하기 위해서는 편익과 비용을 정확히 측정하는 것이 중요하며, 특히 편익계산에 신중해야한다.

③ 재무적 순 현재가치로 계산된 현금흐름에 최초 자본투자에 대한 비용을 고려하여 손익을 계산하는 방법이다

④ 재무성 분석을 하기 위한 수익 산출은 일반적인 회계적 개념으로 이해하여 수행한다.

27. 경제적 타당성분석과 재무적 타당성분석에 대한 설명으로 옳지 않은 것은?

① 경제적 타당성 분석은 당해 사업으로 인하여 발생하는 편익과 비용을 측정하여 사업의 추진 여부 검토 및 합리적 의사결정을 가능하게 하는 과정이다.

② 재무적 타당성 분석은 사업의 주체가 투자 및 운영비 지출에 대응할 만큼 충분한 대가를 기대할 수 있는 가를 평가하는 것이다.

③ 재무적 타당성 분석의 재무재표의 작성은 사회적 편익과 사회적 비용에 대해서 분석한다.

④ 재무적 타당성 분석은 재무적 순현재가치로 계산된 현금흐름에 최초 자본투자에 대한 비용을 고려하여 손익을 계산하는 방법이다.

28. 다음이 설명하고 있는 경제적 · 재무적 타당성 분석 기법은?

• 오직 현금 흐름을 중심으로 평가하며, 기 작성된 회계자료 이용이 가능하여 편리 • 장기간의 사업일 경우, 사업의 결과에 인플레이션이나 할인율이 큰 영향을 미치는 경우에는 적합하지 않음

① 회수기간(Payback Period)

② 내부수익률(IRR ; Internal Rate of Return)

③ 순 현재가치(NPV : Net Present Value)

④ 비용편익비율(B/C : Benefit/Cost Ratio)

29. 다음 중 화폐의 시간적 가치를 고려하지 않는 타당성 분석기법은?

① 비용편익비율(B/C) ② 순현재가치(NPV)

③ 내부수익률(IRR) ④ 회수기간(Payback Period)

30. 사업타당성과 관련된 설명이다. 잘못 설명하고 있는 것은?

① 전체 사업기간에 대한 자본회수율로 판단하여 사업하는 경우에는 사업이익 발생 시점을 정확히 판단할 수 있는 장점이 있다.

② 자본회수율(ROI : Return On Investment)은 초기투자에 대한 연평균 이익을 백분율로 나타낸 것으로 계산이 편리하고 사업 전체에 대한 현금흐름을 고려한다.

③ 사회적 할인율은 현재시점의 가치로 환산하기 위한 도구로써 경제성 분석에서 중요한 부분이다.

④ 우리나라 할인율은 3년 만기 국공채 수익률 수준에 준하는 할인율을 적용하고 있으며 이자율 하락에 따라 대체적으로 할인율이 낮아지고 있는 추세이다.

31. 리모델링 사업성 분석과정으로 옳은 것은?

① 목표설정 → 자료조사 → 리모델링 방향설정 → 개념설계 → 대안설정 → 타당성 검토 → 최적안 결정

② 자료조사 → 목표설정 → 대안설정 → 리모델링 방향설정 → 개념설계 → 타당성 검토 → 최적안 결정

③ 목표설정 → 자료조사 → 리모델링 방향설정 → 대안설정 → 개념설계 → 타당성 검토 → 최적안 결정

④ 자료조사 → 목표설정 → 리모델링 방향설정 → 대안설정 → 개념설계 → 타당성 검토 → 최적안 결정

32. 리모델링 감정평가방법에 대한 설명으로 적절하지 않은 것은?

① 조합설립인가 후 조합설립에 동의하지 않은 미동의자의 재산권 확보를 위해 하는 감정평가를 매도청구감정평가라고 한다.

② 조합원이 분양신청 기간에 분양신청을 하지 않거나 분양계약을 체결하지 않은 경우 분양신청 대상 제외자로 결정되면, 이때 종후자산 감정평가를 한다.

③ 분양예정자산 감정평가는 리모델링 후의 자산가치를 감정평가하는 것을 말한다.

④ 종전자산평가는 사업계획승인고시일을 기준으로 조합원의 자산가치를 평가하는 것을 말한다.

33. 다음 중 매도청구 감정평가에 대한 설명으로 틀린 것은?

① 매도청구 감정평가는 조합설립에 동의하지 않은 미동의자의 재산권 확보를 위해 하는 감정평가이다.

② 사업승인을 득하기 위해서는 전체 사업부지에 대한 소유권 확보가 전제되어야 하기 때문에 필요하다.

③ 대법원 판례에 따르면 매도청구 감정평가 시 가격시점 현재 현실화되지 않은 개발이익을 포함한 모든 개발이익을 반영해서 평가하도록 하고 있다.

④ 대법원 판례에 따른 매도청구 감정평가 시 '시가'를 기준으로 감정평가 하도록 하고 있다.

34. 리모델링 구분소유 아파트의 가치형성 요인과 관련된 설명으로 적절하지 않은 것은?

① 가치형성요인은 단지전체에 대한 외부요인, 건물요인, 개별 요인으로 분류한다.

② 외부요인은 단지 전체를 하나의 부동산(토지)으로 가로조건, 접근조건, 환경조건, 행정조건, 기타 조건으로 나눌 수 있다.

③ 건물요인은 건설회사별 지명도에 따라 선호도가 차이가 있는데 이는 시공상태, 설계에 따른 구조 및 마감과 설비, 부대시설 등이 복합적으로 반영된 것으로 볼 수 있다.

④ 개별 요인이란 공유부분을 중심으로한 가치형성요인으로 가격을 구체화시키는 요인을 말하는데 조건별로 세부항목으로 구분될 수 있다.

35. 분담금 산출과 관련된 다음 설명 중 틀린 것은?

① 다른 변수가 일정한 경우 종전자산 감정평가액의 전체적인 가격수준이 올라가면 개별 조합원의 분담금은 반드시 줄어든다.

② 아파트 종후자산 감정평가는 원가방식과 비교방식(거래사례비교법)을 적용하여 시산가액 조정한다.

③ 최근 일부 지역에서 시행되고 있는 분양가상한제에 의한 일반분양가의 통제는 일반분양수입의 하락을 가져와 분담금의 상승을 가져오는 요인으로 작용한다.

④ 최근 종후자산 감정평가 시 한강 등의 경관조망에 대한 선호도가 높아 이에 대한 반영이 높아지고 있다.

36. 아파트 감정평가 시 고려되는 가치형성요인(주거환경영향분석)에 대한 설명으로 옳지 않은 것은?

① 일조시간은 동짓날을 기준으로 오전 8시부터 오후 4시까지 총 8시간을 기준하여 측정하여 반영한다.

② 일반조망은 하늘을 통한 개방감이 좋을수록 높은 점수를 받게 되며, 경관조망은 주변의 공원이나, 하천, 산에 대한 조망을 의미한다.

③ 사생활침해도는 저층으로 갈수록 침해도가 낮게 산출되는 것이 일반적이다.

④ 소음도 측정 시 주로 교통소음에 대해 분석하며, 인근 학교 등에서 발생하는 소음도는 분석하지 않는다.

37. 다음 중 부동산 가치평가에 대한 설명으로 옳지 않은 것은?

① 원가법은 대상물건의 재조달원가에 감가수정(減價修正)을 하여 대상물건의 가액을 산정하는 감정평가방법을 말한다.

② 수익분석법은 대상물건이 장래 산출할 것으로 기대되는 순수익이나 미래의 현금흐름을 환원하거나 할인하여 대상물건의 가액을 산정하는 감정평가방법을 말한다.

③ 적산법은 대상물건의 기초가액에 기대이율을 곱하여 산정된 기대수익에 대상물건을 계속 임대하는 데 필요한 경비를 더하여 대상물건의 임대료를 산정하는 감정평가방법을 말한다.

④ 공시지가기준법은 감정평가의 대상이 된 토지와 가치형성 요인이 같거나 비슷하여 유사한 이용가치를 지닌다고 인정되는 표준지의 공시지가를 기준으로 대상토지의 현황에 맞게 시점수정, 지역요인 및 개별 요인 비교, 기타 보정(補正)을 거쳐 대상토지의 가액을 산정하는 감정평가방법을 말한다.

38. 주택법에 정의된 리모델링 행위와 거리가 먼 것은?

① 대수선　　② 증축

③ 개축　　④ 세대수 증가

39. 리모델링의 범위와 정의에서 리모델링 3단계에 해당되지 않는 것은 ?

① 주차장, 단지 내 도로, 조경 등 단지환경 개선

② 건축물의 기둥, 보, 내력벽, 주계단 등의 구조나 외부형태를 수선·변경하거나 증설

③ 각 세대의 증축가능 면적을 합산한 면적의 범위에서 기존 세대수의 15% 범위 내 증축

④ 세대수 증가형 증축 중 최대 3개 층 이하로서 대통령령으로 정하는 범위 내 증축

40. 주거용 부동산의 종류가 아닌 것은?

① 단독주택 ② 아파트

③ 준주택 ④ 숙박시설

41. 비용접근법(원가방식)을 적용하여 리모델링 가치평가할 때 내용년수를 조정하는 방법 중 다음이 설명하는 방식은?

기능적 요인의 일부를 반영하며 감가의 개별성이 고려되나 경제적 요인을 반영하지 못하며 유효경과년수를 정확히 측정하기 힘들어 모텔 리조트, 공업용 건물 등 특수부동산에 적용됨

① 실제경과년수법 ② 유효경과년수법

③ 잔존내용년수법 ④ 관찰감가법

42. 특수목적 부동산의 가치평가에 관한 설명으로 틀린 것은?

① 특수목적 부동산은 공공건물, 호텔, 극장, 대학, 교회 등 특정 활동을 위해 설계되고 운영되는 부동산이다.

② 특수목적 부동산은 전통적인 가치추계방법 적용에 한계가 있다.

③ 특수목적 부동산은 특별히 시장성이 반영된 교환가치로 분석하여야 한다.

④ 특수목적 부동산은 현실적으로 정상 가치를 확인하기가 곤란하다.

43. 건설사업 타당성평가와 관련된 설명이다. 적절한 설명이 아닌 것은?

① 타당성 분석(feasibility analysis)이란 계획하고 있는 개발 사업이 투자 자본에 대한 투자자의 요구수익률을 확보할 수 있느냐의 여부를 분석하는 것을 말한다.

② 물리적 타당성과 제도적 타당성 보다 경제적 타당성 분석이 우선되어야 한다.

③ 요구수익률(required rate of return)이란 투자자가 다른 대안에 투자하더라도

얻을 수 있는 수익률로 평균적인 기대수익을 의미한다.

④ 타당성분석방법에 의해 분석한 결과 투자자의 요구수익률을 충족시킬 수 있는 경우에 그 투자사업은 타당성이 있다고 말한다.

44. 리모델링 사업비 분석 단계별 흐름 중 기획단계와 설계비 및 사업비 분석단계 과정의 순서로 가장 알맞은 것은?

① 예비조사 → 대상건물파악 → 리모델링 규모 및 기본방향설정 → 기본설계 → 실시설계

② 예비조사 → 리모델링 규모 및 기본방향설정 → 대상건물파악 → 기본설계 → 실시설계

③ 대상건물파악 → 리모델링 규모 및 기본방향설정 → 예비조사 → 기본설계 → 실시설계

④ 대상건물파악 → 예비조사 → 리모델링 규모 및 기본방향설정 → 기본설계 → 실시설계

45. 리모델링 사업비 단계별 분석에서 기획단계에 해당되지 않는 것은?

① 대상건물의 파악 ② 기본설계 및 기본사업비 예상

③ 사전조사 및 진단 ④ 리모델링 규모 및 방향결정

46. 리모델링 견적 시 Risk 검토사항에 대한 설명으로 옳지 않은 것은?

① 임대자가 있는 상태에서 공사시 공기중단 및 지연 등의 문제가 발생할 수 있다.

② 가설공사비는 건물층수보다 사용재료에 따른 금액 편차가 더 크다.

③ 공사도중 건축주의 잦은 설계변경에 따른 공사비·공사기간 증가 문제가 있다.

④ 리모델링 견적서 제출 후 실제 공사 시 도면이 많이 바뀌는 문제가 있다.

47. 리모델링 견적 시 단계별 검토사항 중 사업기획단계 시 검토사항이 아닌 것은?

① 사업의 투자 타당성 분석

② 발주자 의도와 발주자의 경제적 규모

③ 리모델링 유형과 규모에 맞는 방식 설정

④ 도면 분석

48. 리모델링 설계단계 시 견적 검토사항의 주요내용으로 옳지 않은 것은?

① 면적산정은 중심선을 기준으로 하므로 외부벽체 두께 변화는 고려할 필요가 없다.
② 기존 도면이 없는 경우에는 실측을 통해 도면을 재작성한 후 견적을 내야 한다.
③ 증축을 포함한 리모델링 시에는 반드시 세부적인 법규검토가 필요하다.
④ 기존 구조물의 불법 증·개축 부분이 있는지 확인이 꼭 필요하다.

49. 다음 설명 중 옳지 않은 것은?

① 부분 철거 시는 공사비가 더 많이 소요되더라도 기계로 철거를 진행하는 것이 공기단축에 유리하다.
② 보수공사는 건물의 상태에 따라 회복목표 레벨, 보수공법이 다르게 되고, 공법에 따라 견적도 다르게 된다.
③ 보수·보강공사와 연계하여 철거 부분의 범위를 결정해야 한다.
④ 보강공사의 범위는 구조기술자의 검토를 받아 안전성과 경제성을 고려하여 여러 가지 대안을 검토한 후 보강공법의 범위를 결정해야 한다.

50. 보수공사의 범위는 회복목표 레벨, 보수공법 등에 따라 구조물의 내하력에 영향을 미치지 않도록 부분적인 보수와 전면적인 보수 등으로 나누어 설정한다. 다음 중 보수공법의 종류가 아닌 것은?

① 표면처리공법, 충진공법, 주입공법　　② 강재부재 증설공법
③ 강판제 부착공법　　④ 탄소섬유시트공법

51. 리모델링 보강공사 시 검토해야 할 우선사항 중 가장 거리가 먼 것은?

① 하중변화　　② 토질 상태
③ 구조 재료 성능　　④ 콘크리트 균열

52. 리모델링 견적범위 설정을 위한 요소 도출 순서로 알맞은 것은?

① 공간별 분류 → 부위별 분류 → 마감 및 구성재 파악 → 보수 및 교체범위 검토
② 마감 및 구성재 파악 → 공간별 분류 → 부위별 분류 → 보수 및 교체범위 검토
③ 보수 및 교체범위 검토 → 마감 및 구성재 파악 → 공간별 분류 → 부위별 분류
④ 부위별 분류 → 공간별 분류 → 마감 및 구성재 파악 → 보수 및 교체범위 검토

53. 리모델링 공사에서 주요 공정이 아닌 공사는?

① 가설공사 ② 철거 및 구조보수보강공사
③ 전기 및 설비공사 ④ 조경공사

54. 다음 중 리모델링 부위별 균열보수공법의 적용이 적절하지 않은 것은?

① 조적벽체 균열보수-균열부위 V컷팅 후 탄성퍼티 충전
② 실내 슬래브 균열 보수-에폭시수지 건식공법
③ 발코니, 천장 누수 부위 균열보수-탄소섬유 보강공법
④ PIT층 골조면 불량 부위-수지모르타르 바르기

55. 리모델링 타당성 평가의 개념 및 정의로 적절하지 않은 것은?

① 프로젝트의 타당성을 평가하기 위한 과정으로 비용관리와 밀접한 관계를 가진다.
② 사업시행의 최적 대안을 모색하는 과정으로 사업계획을 수립한 직후에 행한다.
③ 사업 전반에 걸친 검토를 수행하여 사업시행자가 합리적인 의사결정을 할 수 있는 유용한 정보를 제공한다.
④ 시행착오를 최소화하여 효율성과 효과성을 증대시키는데 목적을 두고 있다.

56. 리모델링 사업 타당성 분석에 관한 설명 중 틀린 것은?

① 주요 관련 학문 영역은 마케팅과 재무분석이다.
② 사업수행 전의 준비로 사업운영 결과를 예상하는 구조적 방법이다.
③ 최종 목표는 재무분석을 통하여 투자 수익성을 파악하는 것이다.
④ 사업타당성 평가는 주관적이고 독립적인 평가를 통하여 투자의 위험성을 줄인다.

57. 순 현재가치(NPV : Net Present Value)에 대한 설명으로 적절하지 않은 것은?

① 미래의 편익에서 비용을 제외한 일정금액에 대해 물가상승률 등의 이자율을 고려하여 현재의 가치로 할인한 금액을 의미한다.
② 사업 수행에 따른 가치측정 및 부가가치를 측정하는 방법이다.
③ 비용의 시간가치 개념을 적용하여 미래의 현금흐름을 직접적인 비교가 가능하도록 환산하여 평가 할 수 있다.
④ 미래의 현금흐름과 할인율의 정확성에 따라 분석의 정확도가 좌우되고, 장기간의 사업분석에 주로 사용된다.

58. 자본회수율(ROI : Return On Investment)에 대한 설명으로 적절하지 않은 것은?

① 현금흐름에만 의존하며, 위험 노출에 대한 정량화가 어렵다.

② 사업전체에 대한 현금흐름을 고려할 수 있다.

③ 초기 투자에 대한 연평균 이익을 백분율로 나타낸 것이다.

④ 사업타당성을 이해할 수 있는 지표로 활용된다.

59. 다음 중 경제적 · 재무적 타당성 분석 기법에 대한 설명으로 틀린 것은?

① 회수기간법은 초기의 실제 자본투자와 재무적인 자본의 획득이 동등해지는 기간을 찾는 방법을 의미하며, 허용회수기간보다 짧은 사업을 선택한다.

② 내부수익률은 총편익과 총비용을 현재가치로 환산하여 이들의 비율로 사업의 타당성을 판단하는 방법이다.

③ 비용편익비율이 1 이상이면 사업성이 있다고 인정할 수 있다.

④ 순 현재 가치는 미래의 편익에서 비용을 제외한 일정금액에 대해 물가상승률 등의 이자율을 고려하여 현재의 가치로 할인한 금액을 의미한다.

60. 리모델링 사업 타당성을 분석하는 순현가법과 관계없는 것은?

① 연도별 편익 및 비용　　② 할인률

③ 자본 회수율　　④ 사업분석기간

61. 다음 빈 칸에 공통으로 들어갈 말은?

재정투자사업의 시행으로 인한 비용 및 편익은 어느 한 시점에 국한되는 것은 아니고 여러 해 동안 발생한다. 이에 따라 경제성 분석에서는 화폐의 시간적 가치를 고려해야 하며, 이는 (　　　)산정에 관한 문제인 바, (　　　)은 현재 시점의 가치로 환산하기 위한 도구로써 경제성 분석에 있어서 이의 추정은 편익의 측정과 함께 가장 중요한 부분이다.

① 비용 편익　　② 내부 수익률

③ 회수 기간　　④ 할인율

62. 리모델링 사업타당성 분석 단계별 설명이 적절하지 않은 것은?

① 자료조사 및 분석단계 : 시장조사 및 대상건물 현황 분석

② 리모델링 대안설정 : 대상 건축물 조사·진단 결과를 통한 리모델링 수행분야 설정

③ 개념설계 : 초기디자인 작업, 개략적인 공사비용 추출

④ 리모델링 타당성 검토 : 총 예상비용과 완공 후 예상수익 산출

63. 다음 중 리모델링 사업과 관련한 감정평가에 해당되지 않는 것은?

① 동의자의 자산 증식을 위한 감정평가

② 권리변동계획 수립과 분담금 확정을 위한 감정평가

③ 분양계약이 이루어지지 아니한 자를 위한 감정평가

④ 매도청구를 위한 감정평가

64. 다음 중 감정평가의 절차 중 기본적 사항의 확정 단계에 해당하지 않는 것은?

① 의뢰인 ② 대상물건

③ 대상물건 확인 ④ 감정평가 목적

65. 리모델링 사업에서 권리변동계획 수립을 위한 감정평가 중 종전자산평가 기준일은?

① 건축심의 완료일 ② 사업계획승인고시일(행위허가일)

③ 이주개시일 ④ 실착공일

66. 동일단지에서 개별호수별 가치평가를 위하여 3차원 컴퓨터 시뮬레이션 기법이 적용되고 있으며 이를 통해서 감정평가에 반영하는 항목과 거리가 먼 것은?

① 일조시간 ② 일반조망과 경관조망

③ 사생활 침해 ④ 층간소음

67. 감정평가를 통한 조합원(세대별) 분담금 산정에 관한 설명으로 틀린 것은?

① 종후자산평가액 = 종전자산평가액 + 공사비와 사업비

② 권리가액 = 종전자산 평가액 × 비례율

③ 비례율 = (총수입 – 총비용) ÷ 종후자산 평가액 × 100

④ 조합원의 분담금(추가 분담금) = 조합원 분양가 – 권리가액

68. 다음의 설명에 해당되는 부동산 가치평가방법은?

최근에 거래되어 시장가격이 확인된 유사 부동산의 특성, 상태, 위치 등의 속성을 대상 부동산과 비교하여 유사 부동산의 매매가격을 보정(수정)하고 이를 근거로 대상 부동산의 가치를 평가한다.

① 비용접근법(Cost approach)
② 시장접근법(Market approach)
③ 수익접근법(Profit approach)
④ 소득접근법(Income approach)

69. 다음 중 가치이론과 관련하여 연결이 옳게 된 것은?

① 비용접근법 - 거래방식　　② 수익접근법 - 비교방식
③ 시장접근법 - 원가방식　　④ 소득접근법 - 수익방식

70. 소득접근법에 따른 부동산평가 방법 적용 시 (　　)안에 들어갈 말은?

유효조소득(EGI) - (　　　　) = 순운영소득(NOI)

① 공실률　　② 영업경비
③ 부채서비스액　　④ 영업소득세

71. 리모델링의 범위에 관한 설명 중 틀린 것은?

① 1단계는 내부 인테리어 수준이다.
② 2단계는 내외장 및 설비에 대한 전면적인 개보수이다.
③ 3단계는 건물의 구조부재 및 외부 형태를 변경하거나 증설하는 대수선을 포함한다.
④ 4단계는 증축을 포함한다.

72. 가치분석을 위한 리모델링 범위에 대한 설명으로 옳지 않은 것은?

① 리모델링은 건물의 물리적, 기능적 노후화를 개선하는 방법으로 그 범위와 수준이 다양하다.
② 리모델링의 범위는 1단계로 부분적 수선, 2단계로 전면적 개보수, 3단계로 대수선 및 증축으로 구분할 수 있다.

③ 리모델링은 건축물의 노후화를 억제 또는 기능 향상 등을 위해 대수선하거나 일부 증축하는 행위로 주택법이 아닌 건축법에서만 정의하고 있다.
④ 리모델링은 신축이나 재건축과 구별되는 가장 큰 차이로 기존 건축물을 완전히 허물지 않고 보존하면서 성능을 향상시키는 데 있다.

73. 리모델링의 대상 부동산의 개념에 대한 설명으로 옳지 않은 것은?

① 부동산이란 민법에서 토지 및 그 정착물로 정의하고 있다.
② 리모델링에서 비주거용 부동산과 주거용 부동산으로 구분되어 사용된다.
③ 고시원, 노인복지주택, 오피스텔은 비주거용 부동산에 해당된다.
④ 주거용부동산이란 사람이 장기간 독립된 주거생활을 할 수 있는 구조로 된 건축물 또는 건축물의 일부로서 단독주택과 공동주택으로 분류된다.

74. 리모델링의 가치평가에서 내용연수 조정에 관한 설명 중 틀린 것은?

① 리모델링은 건물의 내용년수에 큰 영향을 미치기 때문에 실제경과년수법이 가장 정확하다.
② 실제경과년수법은 실제경과년수와 유효경과년수가 같다고 보아 건물의 경제적 수명에서 실제 경과한 연수만큼 감가수정하는 방법이다.
③ 유효경과년수법은 대상 부동산의 증·개축을 고려한 유효년수로 감가수정을 하는 방법이다.
④ 잔존내용년수법은 건물의 경제적 잔존내용년수를 측정하고 여기에 실제년수를 더하여 건물의 전체내용년수로 삼아 감가수정하는 방법이다.

75. 가치분석 비용접근법(원가방식)의 내용년수 조정방법에 해당되는 방법은?

• 장점 : 개량·수선 고려하여 감사의 개별성 고려 • 단점 : 기능적/경제적 요인을 반영하지 못함 • 적용대상 : 건물의 구조를 개량하거나 냉난방 시설 같은 새로운 부가물, 증치물이 설치된 경우

① 실제경과년수법　　② 유효경과년수법
③ 거래내용년수법　　④ 잔존내용년수법

76. 다음 빈 칸에 알맞은 말은?

( )이란 일정한 지역을 획정(劃定)하고 가격형성 요인에 영향을 주는 제 요인을 분석하여 대상 사업의 시장에서의 채택 가능성 판단 및 경제성 분석에 필요한 자료를 수집하는 일련의 과정을 말한다.

① 가치분석 ② 시장분석
③ 가치평가 ④ 사업비분석

77. 다음 중 부동산 개발 타당성 분석을 위한 시장분석과 관계 없는 것은?

① 지역분석 및 도시분석 ② 근린분석
③ 활동분석 ④ 부지분석

78. 리모델링과 관련한 시장분석에 해당되지 않는 것은?

① 지역분석 및 도시분석 ② 근린분석
③ 부지분석 ④ 타당성분석

79. 리모델링의 구체적인 시장분석 내용에 관한 설명으로 옳은 것은?

① 근린분석은 지역의 경제활동 분석, 경제기반 분석, 인구분석, 소득수준 분석, 교통체계분석, 성장과 개발의 상태분석 등을 포함한다.
② 지역분석은 토지이용이 매우 동질적인 소규모의 지역을 대상으로 지역의 경제기반, 근린지역 내 토지이용 등의 경제상태 및 동향 등을 분석하는 것이다.
③ 부지분석은 근린분석보다 더 범위가 좁혀진 것으로 토지이용 규제, 편익시설, 접근성, 규모 및 형상, 지형 등을 분석하는 것이다.
④ 수요분석은 공실률 및 임대료의 추세, 공공편익시설의 상태, 건축착공량과 허가량, 지역의 도시계획, 건축비용 등을 분석하는 것이다.

80. 리모델링의 가치평가에 대한 설명으로 옳은 것은?

① 공공사업의 경우, 소득접근법은 공공사업의 이용수입이나 부대수입 등 객단가를 이용한 직접편익을 공공사업 가치로 추정하고 지불의사금액을 제대로 반영할 수 있다.

② 비용접근법의 경우, 공공사업을 위한 시설의 토지 및 건축물 조성 원가에 감가상각액을 고려하여 공공사업의 가치를 추계하는 방법으로 가장 합리적 접근 방법이다.

③ 삶의 질 향상을 위한 리모델링은 재건축에 준하는 주택 면적확장 중심의 효용의 증가는 물론 주택시장 가치 증가에 초점을 맞춘 리모델링을 의미한다.

④ 민간 리모델링은 일반 노후 공동주택을 대상으로 하고 개별 소유주체가 일정 비용을 부담하고 의사를 결정한다.

81. 공공임대주택의 리모델링 가치평가에 대한 설명 중 맞는 것은?

① 정책적 차원보다는 경제적 가치 증대가 요구된다.

② 재산가치의 증식보다는 삶의 질 향상과 같은 편익 증대를 추구한다.

③ 주거 면적 확장 등과 같은 거주자 요구에 초점을 둔다.

④ 거주자의 비용부담 능력이 중요하다.

82. 다음 빈 칸에 알맞은 말은?

(　　　　　　　)이란 계획하고 있는 개발사업이 투자자본에 대한 투자자의 요구수익율을 확보할 수 있느냐의 여부를 분석하는 것을 말하는 것으로, 투자자가 다른 대안에 투자하더라도 얻을 수 있는 최소한의 기대수익의 확보를 의미한다.

① 시장분석　　② 근린분석

③ 타당성분석　　④ 사후평가분석

83. 리모델링의 주요 공정별 파악 내용으로 틀린 것은?

① 가설공사비의 경우 저층과 고층에 따른 공사비 편차는 작다.

② 재료에 따라 외벽공사비 금액 편차가 크다.

③ 기존 냉·난방 유무에 따라 설비공사비 금액 편차가 다르다.

④ 정화조 용량 변경 등에 따라 금액 편차가 있다.

84. 리모델링 견적시 Risk 검토 사항에 대한 설명으로 옳지 않은 것은?

① 저층형이 가설비와 자재운반비가 상대적으로 고층형보다 많이 든다.
② 임대자(임차인)가 있는 상태에서 공사 시 공기중단 및 지연 등의 문제가 발생한다.
③ 기존 자료가 부실한 상태의 견적에 따른 추가 공사비가 증가한다.
④ 실제 공사시 도면이 많이 바뀌는 문제가 발생한다.

85. 다음 중 리모델링 견적시 사업기획 단계에서 검토할 사항이 아닌 것은?

① 리모델링 범위
② 발주자의 의도
③ 시공 능력
④ 투자가치

86. 리모델링 사업기획 단계에서 검토해야 할 사항을 모두 고른 것은?

ㄱ. 보수·보강 여부 판단 후 견적
ㄴ. 발주자의 경제적 규모
ㄷ. 대안별 투자비 분석
ㄹ. 현장의 입지 여건, 구조물의 노후도 상태 파악
ㅁ. 리모델링 유형과 규모에 맞는 방식 설정

① ㄱ, ㄴ, ㄷ,
② ㄱ, ㄷ, ㄹ
③ ㄴ, ㄷ, ㅁ
④ ㄴ, ㄹ, ㅁ

87. 리모델링 철거공사에 관한 설명 중 틀린 것은?

① 기존 구조물의 손상을 최소한으로 줄이기 위해 인력철거를 한다.
② 기존 골조에 영향을 최소화할 수 있게 철거해야 한다.
③ 보수·보강공사와 연계하여 철거 부분의 범위를 결정해야 한다.
④ 일반적으로 기계를 사용하여 철거할 경우 비용이 더 많이 든다.

88. 기존 건축물의 설계도서가 있는 경우, 도면 작성을 위한 조사 내용으로 적합하지 않은 것은?

① 설계도서와 건축물의 비교
② 노후화 계수 산출
③ 실측에 의한 구조체 치수 조사
④ 콘크리트 및 철근의 강도 조사

89. 리모델링 보수공사에 관한 설명이 아닌 것은?

① 보수공사의 범위는 부분적인 보수와 전면적인 보수 등으로 나누어 설정한다.
② 보수공사의 범위는 회복목표 레벨, 보수공법 등에 따라 구조물의 내하력 등을 고려한다.
③ 전면적 보수시 결속선, 스페이서, 인서트 등에 녹이 발생한 경우 해당 부위만 보수한다.
④ 부분적 보수시 보수대상 개소 중 부식된 철근 주변의 콘크리트만을 보수한다.

90. 리모델링의 견적 기준과 범위 설정에 관한 설명으로 틀린 것은?

① 리모델링 요소를 도출하기 위하여 우선 공간을 분류하고, 그 공간을 구성하고 있는 부위별 마감 및 기타 구성재 등을 대상으로 리모델링 기본계획 방향을 고려해야 한다.
② 리모델링 공사는 신규 공사와 달리 공간별, 부위별로 수선·교체의 공사 범위가 다를 수 있으므로 그에 따른 기준 마련이 필요하다.
③ 해체 공사와 보수, 보강공사의 견적은 실사를 거치지 않고 과거 사례를 기준으로 견적을 해도 무방하다.
④ 철거공사시에는 반드시 폐기물처리에 대한 범위와 한계를 규정해야 한다.

91. 리모델링의 견적 기준과 범위 설정에 관한 설명으로 틀린 것은?

① 리모델링 견적은 기존의 사례를 근거로 하는 것이 가장 효율적이다.
② 리모델링 공사의 견적은 신규 공사와 달리 기존 건물의 해체 및 철거와 구조체의 보수, 보강공사에 대한 기술과 경험의 자료정보가 무엇보다 중요하다.
③ 해체 공사와 보수, 보강공사의 견적은 구체적인 견적자료가 없으므로 반드시 실사를 통한 견적기준 마련이 필요하다.
④ 리모델링 공사는 신규 공사와 달리 공간별, 부위별로 수선·교체의 공사 범위가 다를 수 있으므로 그에 따른 기준 마련이 필요하다.

92. 건물 구조체 부위별 균열보수공법과 골조구조 성능개선공법으로 옳지 않은 것은?

① 발코니 천장의 누수 부위 균열보수－폴리우레탄 그라우팅 공법
② 슬래브－탄성섬유보강공법
③ 실내 슬래브 균열보수－에폭시수지 건식공법
④ E.V기초 PILE 보강－수지모르타르 바르기

93. 사업 타당성 평가에 대한 설명으로 옳지 않은 것은?

① 충분한 정보를 수집, 종합 분석하는 창조적이고 목표지향적인 합리화의 과정이다.
② 주관적이고 독립적인 평가를 함으로써 투자의 위험성을 줄이기 위한 것이다.
③ 사업수행 전의 준비로 사업운영 결과를 예상, 평가하는 구조적 방법(Systematic Method)이다.
④ 최종목표는 재무 분석을 통하여 투자 수익성을 파악하는 것이다.

94. 사업 타당성 평가에 관한 설명 중 틀린 것은?

① 사업을 실시할 경우 투자자의 경제성을 달성할 수 있을 것인가를 조사·검토·분석하는 것이 최종 목표이다.
② 경제성을 평가하는 방법은 크게 경제적 타당성 분석과 재무적 타당성 분석이 있다.
③ 경제성 분석을 효과적으로 수행하기 위해서는 편익과 비용을 정확히 측정하는 것이 중요하다.
④ 경제성 분석은 수익 측정이 핵심이며, 이는 재무성 분석의 편익 측정과는 성격이 다르다고 할 수 있다.

95. 경제적·재무적 타당성 분석 기법에 대한 설명으로 옳지 않은 것은?

① 재무적 타당성 분석은 현금유입과 현금유출의 분석이고, 경제적 타당성 분석은 사회적 편익과 사회적 비용의 분석이라고 할 수 있다.
② 비용편익비율(B/C)은 편익과 총비용을 현재가치로 환산하여 이들의 비율로 사업의 타당성을 판단하는 방법으로 이 비율이 1 이상이면 사업의 타당성이 인정된다.

③ 내부수익률(IRR)은 순 현재가치가 1이 되는 할인계수의 값을 의미하는데, 가장 낮은 내부수익률을 지니는 사업을 선택하는 것이 바람직하다.

④ 회수기간법(Payback Period)은 초기의 실제 자본투자와 재무적인 자본의 획득이 동등해지는 기간을 찾는 방법을 의미하며, 허용 회수기간보다 짧은 사업을 선택한다.

96. 사업 타당성 평가 방법에 관한 설명 중 틀린 것은?

① 비용편익비율 방법은 총편익과 총비용을 현재가치로 환산하여 이들의 비율로 사업의 타당성을 판단하는 방법이다.

② 순 현재가치 방법은 미래의 편익에서 비용을 제외한 일정 금액에 대해 물가 상승률 등의 이자율을 고려하여 현재의 가치로 할인한 금액을 의미한다.

③ 회수기간법은 현금 흐름에 따른 회계상 자료를 이용하므로 복잡하고 불확실성이 크다.

④ 내부수익률은 순 현재가치가 0이 되는 할인계수의 값을 의미한다.

97. 리모델링 사업 타당성 분석 절차에 관한 설명 중 틀린 것은?

① 리모델링 사업 타당성 분석 절차는 리모델링 행위를 추진하기 위해 과도한 수단이다.

② 리모델링의 최종안은 역사성, 경제성, 구조성, 안전성, 법규적 요인 등과 세부 단계적 구성단계의 구성요소들을 종합적으로 검토·분석하여야 한다.

③ 리모델링이 내포하고 있는 불확실성과 인간의 능력으로 결정되는 상황이 존재하기 때문에 위험이 존재한다.

④ 미래 상황에 대한 예측과 실존적 타당성 작업은 건축물 리모델링 행위에서 위험을 최소화하는 작업이다.

98. 감정평가의 원칙에 해당되지 않는 것은?

① 사회통념상 필요하다고 인정되는 경우는 법령의 규정에도 불구하고 시장가치 외 가치를 기준으로 결정할 수 있다.

② 대상 물건의 이용상황 및 공법상 제한을 받는 상태를 기준으로 평가한다.

③ 둘 이상의 대상 물건이 일체로 거래되거나 대상 물건 상호 간에 용도상 불가분의 관계가 있는 경우에는 일괄하여 감정평가할 수 있다.

④ 기준 시점에서 미래 가치를 기준으로 평가한다.

99. 일반적인 감정평가의 절차로서 옳은 것은?

① 기본 사항 확정 → 대상 물건 확인 → 자료수집 및 검토 → 가치형성 요인 분석 → 감정평가실행
② 대상 물건 확인 → 기본 사항 확정 → 자료수집 및 검토 → 가치형성 요인 분석 → 감정평가실행
③ 대상 물건 확인 → 자료수집 및 검토 → 기본 사항 확정 → 가치형성 요인 분석 → 감정평가실행
④ 기본 사항 확정 → 자료수집 및 검토 → 대상 물건 확인 → 가치형성 요인 분석 → 감정평가실행

100. 공동주택 리모델링 감정평가 방법에 관한 설명 중 틀린 것은?

① 매도청구 감정평가는 조합설립인가 후 조합설립에 동의하지 않은 미동의자의 재산권 확보를 위해 하는 감정평가를 말한다.
② 종전자산평가는 사업계획승인고시일을 기준으로 조합원의 자산가치를 평가하는 것을 말한다.
③ 종후자산 감정평가는 리모델링 후의 자산가치를 감정평가하는 것을 말한다.
④ 현금청산 감정평가는 분양신청기간 종료일 또는 분양신청 제외자로 결정된 날을 기준으로 감정평가한다.

101. 리모델링 아파트의 개별적인 가치형성 요인이 아닌 것은?

① 조망 ② 소음
③ 관리체계 ④ 난방 및 단열

102. 아파트 위치별 가치형성 요인과 관계 없는 것은?

① 일반적으로 일조량과 조망 요인이 가장 큰 영향력으로 작용하고 있다.
② 아파트 단지는 교통시설, 인근 상가 등 긍정적 요인에 의해 가격이 형성되는 특징을 보이고 있다.
③ 공동주택의 감정평가에서는 청각적, 시각적 프라이버시를 균등하게 가치에 반영한다.

④ 소음원은 방음 성능에 따라 좌우되는 건축 구조적 문제와 인접도로 차량 통행 및 단지 내 주 출입구 인접 세대의 소음 등 단지 배치와 관련된 소음이라 할 수 있다.

103. 리모델링 사업 원가에 포함하는 항목에 관한 설명 중 틀린 것은?

① 감리비 : 사업비 중 많은 부분을 차지하지만, 조합의 업체 선택권 유무에 따라 업무 효율성이 차별된다.

② 철거비 : 공사비에 포함하여 일괄계약 하나 예상치 못한 폐기물이 발견되면 비용이 증가하기도 한다.

③ 조합운영비 : 전문가적 소양을 갖춘 최대 인원과 효율적인 사업 기간으로 비용을 적정하게 배정해야 한다.

④ 금융비 : 매도청구와 현금청산, 이주비, 사업비 등 대여금에 대한 금융비용 등은 현금청산자 수와 이자율에 따라 변동성이 크다.

104. 조합원분양가와 일반분양가 관계에 관한 설명으로 틀린 것은?

① 종후분양가 총액은 동별 호별 분양가 총합을 말하며, 조합원분양분과 일반분양분을 포함하는 개념이다.

② 종후분양가는 공사비 등 총 비용이 동일하다면 종전자산평가금액이 작아지면 종후분양가는 반대로 높아진다.

③ 종전자산이 높게 평가되면 현금청산 평가금액도 높아져 각종 제비용도 증가하고 그로 인해 종후 분양가가 높아져 조합원분양가와 일반분양가 차이가 발생하지 않을 수 있다.

④ 감정평가 시 아파트 선호도 차이에 의한 조합원 분양가 차별화를 통해 조합원간 공정한 분담금 납부가 가능하도록 해야 한다.

105. 부동산 가치평가 접근방법에 대한 설명이다. 다음 빈 칸을 채우시오.

부동산 가치평가는 금융조달 시 담보물평가를 위해 자주 수행된다. 부동산 감정평가의 영역에서는 부동산 자산 등의 가치를 산정하는 방식으로 • 얼마의 비용이 들어간 것인가를 감안하여 판단하는 (　　　　), • 시장에서 얼마에 거래되는가 하는 것에 근거 비교방식, • 얼마만큼의 수익을 산출할 수 있는가에 근거한 수익방식이 있다.

106. 다음 빈 칸을 채우시오.

소득접근법에 따르면 부동산의 가치는 단순히 비교 가능한 부동산의 매매 정보뿐만 아니라 수익성에 영향을 주는 많은 시장상황도 고려해야 한다. 소득접근법을 통한 수익환원법에도 여러 방법이 있지만 활용이 가장 용이한 직접환원법은 대상부동산의 순운영소득(NOI : Net Operating Income)을 적절한 (　　　　　　　)로 할인하여 대상 부동산의 가치를 추계하는 방법이다.

107. 가치이론에 의한 가치평가방식(감정평가)의 설명이다. 적합한 단어를 쓰시오.

감정평가의 대상이 된 토지(부동산)와 가치형성 요인이 같거나 비슷하여 유사한 이용가치를 지닌다고 인정되는 표준지의 (　　　)를 기준으로 대상토지의 현황에 맞게 시점수정, 지역요인 및 개별 요인 비교, 그 밖의 요인의 보정(補正)을 거쳐 대상토지의 가액을 산정하는 감정평가방법이 사용된다.

108. 감정평가에 관한 규칙에서 규정하고 있는 감정평가 3방식 중 가격과 임료를 결정하는 방식을 나타낸 것이다. 빈칸을 순서대로 채우시오.

구분	가격	임료
원가방식	(① 　　　　)	적산법
비교방식	거래사례비교법	임대사례비교법
수익방식	수익환원법	(② 　　　　)

109. 리모델링의 대상을 비주거용과 주거용 부동산으로 분류하였다. 다음 빈칸을 채우시오.

> • 주거용부동산(주택법제2조제3호)으로는 단독주택, 공동주택, 기타로 구분된다.
> • 공동주택에는 5층 이상의 아파트, 주택으로 쓰이는 1개 동의 연면적이 660㎡를 초과하고 층수가 4개 층 이하인 연립주택, 주택으로 쓰이는 1개 동의 연면적이 660㎡ 이하이고, 층수가 4개 층 이하인 (   )가(이) 있다.

110. 리모델링 과정에서 설치한 부가물·증치물에 대한 비용처리 방법에 대한 설명이다. 빈칸을 순서대로 채우시오.

> (①   ) 지출은 부동산의 효용이나 가치를 유지시키는 데 소요되는 비용으로 영업경비에 포함되며, (②   ) 지출은 부동산의 가치나 수명을 증진시키는 데 소요되는 비용으로 영업경비로 계상되지 않는다. (②   ) 지출을 영업경비로 계상하면 부동산에 대한 투자가 순영업소득을 감소시키는 모순이 발생한다.

111. 시장분석이란 일정한 지역을 획정하고 가격형성 요인에 영향을 주는 제 요인을 분석하여 대상사업의 시장에서의 채택 가능성 판단 및 경제성 분석에 필요한 자료를 수집하는 일련의 작업을 말한다. 다음 빈칸을 순서대로 채우시오.

> • (①   )적 측면에서는 주어진 부지를 어떠한 용도로 이용할 것인가를 결정하는 것으로 주변의 토지이용이 특정 토지의 용도에 미치는 효과를 고려한다.
> • (②   )적 측면에서는 특정 용도에 어떠한 부지가 적합한가를 결정하는 것으로 여러 토지의 표준적 사용 및 최유효사용을 판정하여 최적지를 선택하거나 우선순위를 정할 수 있다.

112. 다음이 특수목적 부동산 가치평가에 대한 설명이다. 빈칸을 채우시오.

특수목적 부동산은 하나의 목적이나 극히 제한된 목적에 적합하도록 설계되기 때문에 최고최선의 이용을 확인하기 곤란한 경우가 많다. 따라서 시장에서 정당한 가치가 확인되지 않는 경우가 많기 때문에 교환가치가 아닌 (　　　　)로 평가되어야 한다. 이는 대상 부동산이 제공하는 서비스 가용성(Serviceability)의 효율성(efficiency)에 의해 평가되어야 한다.

113. 다음 내용에 가장 적합한 경제성평가방법은?

- 삶의 질 향상을 위한 리모델링은 낙후된 주거성능 및 주거환경을 개선시키고 변화하는 거주자의 주거에 대한 요구에 부합할 수 있는 시설의 개선 및 추가 등을 위한 리모델링을 의미한다
- 공공부분의 리모델링 가치평가는 공익가치 평가 측면의 접근이 필요하다
- 장기공공임대주택 리모델링 사업의 경제성 평가에 적합

114. 타당성평가방법을 4단계로 구분하여 설명한 것이다. 각 단계별 순서를 쓰시오

① 기초자료를 분석하여 사업의 쟁점을 부각시킴
② 수요추정 편익의 추정, 비용의 추정을 통해 경제성 분석과 민감도 분석
③ 지역경제 파급효과, 지역낙후도 평가, 재원조달 가능성 평가 등 정책적 분석
④ 다중기준분석방법을 활용하여 종합평가 실시

115. 다음이 설명하는 경제성평가방법은?

① 미래의 편익에서 비용을 제외한 일정 금액에 대해 물가상승률 등의 이자율을 고려하여 현재의 가치로 할인한 금액을 의미한다.
② 이 분석방법은 사업 수행에 따른 가치측정 및 부가가치를 측정하는 것임
③ 장점은 비용의 시간가치 개념을 적용하여 미래의 현금흐름을 직접적인 비교가 가능하도록 환산하여 평가할 수 있음

116. 초기투자에 대한 연평균 이익을 백분율로 나타낸 것으로 사업 전체에 대한 현금 흐름을 고려할 수 있는 장점이 있는 타당성 분석기법은?

117. 다음 빈칸에 공통으로 들어갈 말은?

재정투자사업의 시행으로 인한 비용 및 편익은 어느 한 시점에 국한되는 것이 아니고 여러 해 동안 발생한다. 이에 따라 경제성 분석에서는 화폐의 시간적 가치를 고려해야 하며, 이는 ( ) 산정에 관한 문제인 바, ( )은 현재 시점의 가치로 환산하기 위한 도구로써 경제성 분석에 있어서 이의 추정은 편익의 측정과 함께 가장 중요한 부분이다

118. 다음은 리모델링 사업성 분석절차이다. 괄호에 들어갈 내용은?

① 목표 설정 → ② 자료조사 및 분석 → ③ 리모델링 방향 및 방법 설정 → ④ ( ) → ⑤ 개념설계 → ⑥ 리모델링 타당성 검토 → ⑦ 최적 안 결정

119. 감정평가 원칙 중 개별 물건기준 원칙은 대상 물건마다 개별로 감정평가 하는 것을 말한다. 개별 물건기준 원칙의 예외에 대한 다음 설명 중 빈칸을 순서대로 채우시오.

둘 이상의 대상물건이 일체로 거래되거나 대상물건 상호 간에 용도상 불가분의 관계가 있는 경우에는 일괄하여 감정평가할 수 있으며, 하나의 대상물건이라도 가치를 달리하는 부분은 이를 (①) 감정평가 할 수 있다. 또한 일체로 이용되고 있는 대상물건의 일부분에 대하여 감정평가 해야 할 특수한 목적이나 합리적인 이유가 있는 경우에는 (②) 감정평가 할 수 있다.

120. 감정평가의 원칙인 현황기준 원칙에 따라 감정평가에서는 기준(가격)시점을 언제로 하느냐에 따라 평가금액이 달라질 수 있다. 리모델링 종전자산 감정평가의 기준(가격)시점은?

121. 다음이 설명하는 감정평가는?

분양신청 기간 내 분양신청을 하지 않거나 분양신청을 했어도 분양계약을 체결하지 않은 경우, 분담금확정총회에서 분양신청 대상 제외자로 결정되는 자를 대상하는 감정평가

122. 다음이 설명하는 것은 무엇인가?

리모델링사업에서 종전에 토지 등 소유자가 가지는 토지 및 건축물에 대한 권리를 리모델링 사업 시행으로 새로이 조성되는 대지 및 건축물에 대한 권리로 전환시키는 계획을 말하며, 주택법 제67조 및 주택법 시행령 제77조가 규정하고 있음.

123. 구분소유권이 가치형성요인에 대한 설명이다. 괄호 안에 들어갈 내용은?

• 일동의 건물에 다수의 소유권이 존재하는 특성으로 각 구분소유권이 속하는 부동산에 대한 가치형성은 세 가지 요인으로 구분된다. ① 첫째, 토지의 개별 요인에 해당하는 단지전체의 가치형성으로서 (　　　)요인 ② 둘째, 구분소유권이 속한 건물전체에 대한 가치형성으로서 (　　　)요인 ③ 셋째, 구분소유권 각각의 특성에 대한 가치형성으로서 (　　　)요인

124. 감정평가의 3가지 원칙을 설명하시오.

125. 감정평가의 원칙 중 현황기준 원칙은 기준시점에서 현재 상태를 기준으로 감정평가 한다는 것이다. 현황평가의 예외인 조건부 감정평가 시 검토하여야 할 사항을 기술하시오.

126. 리모델링사업과 관련한 감정평가방법은 매도청구감정평가, 종전자산과 종후자산 감정평가, 현금청산 감정평가방법이 있다. 현금청산감정평가방법을 서술하시오

127. 다음 리모델링 사업에서 A조합원이 분담하게 되는 비례율 및 분담금을 계산하시오.

- 종전자산 감정평가금액 총액 : 1,000억원
- 종후자산 감정평가금액(조합원분양가) 총액 : 2,000억원
- 일반분양가(일반분양수입) 총액 : 100억원
- 공사비 포함 사업비 총액 : 1,000억원
- A조합원 종전자산감정평가금액 : 10억원
- A조합원이 가게 되는 신축아파트 전용 84형의 조합원 분양가 : 15억원
- A조합원이 가게 되는 신축아파트 전용 84형의 일반분양가 : 18억원

2024 RMP교재개편 집필위원

이동진
- 중앙대학교 생물학과 졸업
- 감정평가사/(주)나라감정평가법인 부회장
- 전 래미안대치하이스턴 아파트 조합장
- 전 서울특별시 공동주택 리모델링 자문위원
- 전 경기도 공동주택 리모델링 자문위원
- (사)한국리모델링협회 리모델링사업관리사(RMP) 과정 전문강사
- '아파트 리모델링 사업' 공동저자

신민수
- 한양대학교 건축학과 졸업
- (주)포스코이앤씨 리모델링영업실 팀장
- 그린리모델링 얼라이언스 위원
- 전 서울특별시 공동주택 리모델링 자문위원
- 전 경기도 공동주택 리모델링 자문위원
- (사)한국리모델링협회 정책법규위원회 부위원장

리모델링 가치분석

2024년 3월 15일 1판 1쇄 인쇄
2024년 3월 25일 1판 1쇄 발행

저　　자 사단법인 한국리모델링협회
발 행 인 전 혜 자
발 행 처 예 학 사
주　　소 서울시 성동구 무학봉28길 4(5층)
전　　화 02) 2296-9333(代)~4
팩　　스 02) 2296-9335
출판등록 1994. 4. 2(4-254)
I S B N 978-89-89668-73-2　　93540

정　　가 17,500원

검인생략